Wissenschaftliche Reihe Fahrzeugtechnik Universität Stuttgart

Reihe herausgegeben von

Michael Bargende, Stuttgart, Deutschland

Hans-Christian Reuss, Stuttgart, Deutschland

Jochen Wiedemann, Stuttgart, Deutschland

Das Institut für Fahrzeugtechnik Stuttgart (IFS) an der Universität Stuttgart erforscht, entwickelt, appliziert und erprobt, in enger Zusammenarbeit mit der Industrie, Elemente bzw. Technologien aus dem Bereich moderner Fahrzeugkonzepte. Das Institut gliedert sich in die drei Bereiche Kraftfahrwesen, Fahrzeugantriebe und Kraftfahrzeug-Mechatronik. Aufgabe dieser Bereiche ist die Ausarbeitung des Themengebietes im Prüfstandsbetrieb, in Theorie und Simulation. Schwerpunkte des Kraftfahrwesens sind hierbei die Aerodynamik, Akustik (NVH), Fahrdynamik und Fahrermodellierung, Leichtbau, Sicherheit, Kraftübertragung sowie Energie und Thermomanagement – auch in Verbindung mit hybriden und batterieelektrischen Fahrzeugkonzepten. Der Bereich Fahrzeugantriebe widmet sich den Themen Brennverfahrensentwicklung einschließlich Regelungs- und Steuerungskonzeptionen bei zugleich minimierten Emissionen, komplexe Abgasnachbehandlung, Aufladesysteme und -strategien, Hybridsysteme und Betriebsstrategien sowie mechanisch-akustischen Fragestellungen. Themen der Kraftfahrzeug-Mechatronik sind die Antriebsstrangregelung/Hybride, Elektromobilität, Bordnetz und Energiemanagement, Funktions- und Softwareentwicklung sowie Test und Diagnose. Die Erfüllung dieser Aufgaben wird prüfstandsseitig neben vielem anderen unterstützt durch 19 Motorenprüfstände, zwei Rollenprüfstände, einen 1:1-Fahrsimulator, einen Antriebsstrangprüfstand, einen Thermowindkanal sowie einen 1:1-Aeroakustikwindkanal. Die wissenschaftliche Reihe „Fahrzeugtechnik Universität Stuttgart" präsentiert über die am Institut entstandenen Promotionen die hervorragenden Arbeitsergebnisse der Forschungstätigkeiten am IFS.

Reihe herausgegeben von

Prof. Dr.-Ing. Michael Bargende
Lehrstuhl Fahrzeugantriebe
Institut für Fahrzeugtechnik Stuttgart
Universität Stuttgart
Stuttgart, Deutschland

Prof. Dr.-Ing. Hans-Christian Reuss
Lehrstuhl Kraftfahrzeugmechatronik
Institut für Fahrzeugtechnik Stuttgart
Universität Stuttgart
Stuttgart, Deutschland

Prof. Dr.-Ing. Jochen Wiedemann
Lehrstuhl Kraftfahrwesen
Institut für Fahrzeugtechnik Stuttgart
Universität Stuttgart
Stuttgart, Deutschland

Ralf Georg Kleisch

Modellbasierter Ansatz zur Ermittlung optimaler Hybrid-Antriebsstrangkonfigurationen unter Anwendung verschiedener Optimierungsalgorithmen

Ralf Georg Kleisch
IFS, Fakultät 7, Lehrstuhl für
Fahrzeugantriebe
Universität Stuttgart
Stuttgart, Deutschland

Zugl.: Dissertation Universität Stuttgart, 2024
D93

ISSN 2567-0042 ISSN 2567-0352 (electronic)
Wissenschaftliche Reihe Fahrzeugtechnik Universität Stuttgart
ISBN 978-3-658-47636-6 ISBN 978-3-658-47637-3 (eBook)
https://doi.org/10.1007/978-3-658-47637-3

Die Deutsche Nationalbibliothek verzeichnet diese Publikation in der Deutschen Nationalbibliografie; detaillierte bibliografische Daten sind im Internet über https://portal.dnb.de abrufbar.

Planung/Lektorat: Friederike Lierheimer
Springer Vieweg ist ein Imprint der eingetragenen Gesellschaft Springer Fachmedien Wiesbaden GmbH und ist ein Teil von Springer Nature.
Die Anschrift der Gesellschaft ist: Abraham-Lincoln-Str. 46, 65189 Wiesbaden, Germany

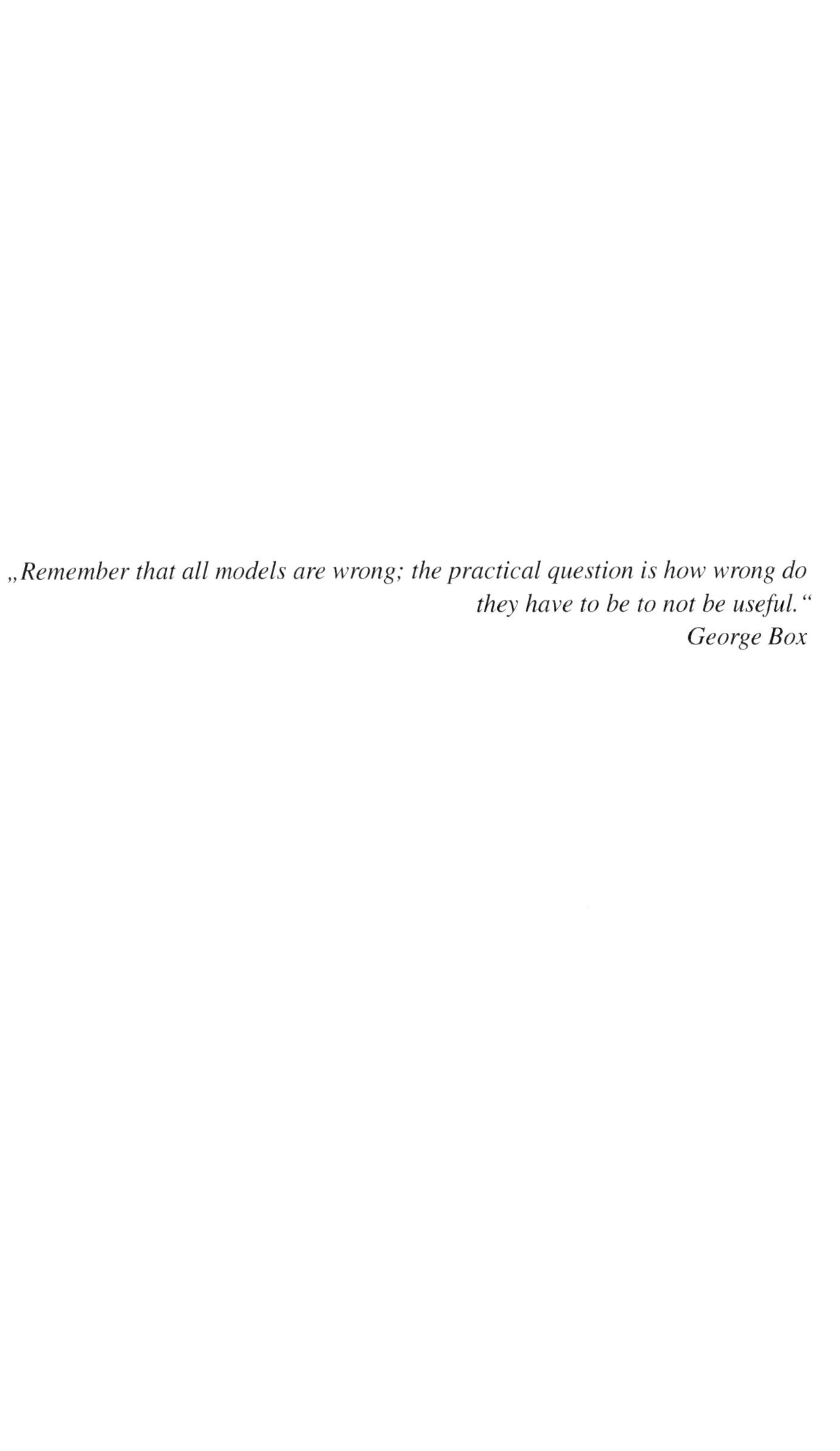

„Remember that all models are wrong; the practical question is how wrong do they have to be to not be useful."

George Box

Vorwort

Die vorliegende Arbeit entstand während meiner Tätigkeit als wissenschaftlicher Mitarbeiter im Bereich Fahrzeugantriebe des Instituts für Fahrzeugtechnik der Universität Stuttgart (IFS) unter der Leitung von Herrn Prof. Dr.-Ing. M. Bargende und Prof. Dr.-Ing. A. Kulzer.

Mein besonderer Dank gilt Herrn Prof. Dr.-Ing. M. Bargende für die Möglichkeit zur Durchführung der Dissertation im Rahmen des Promotionskollegs HYBRID 2.0, seine direkte Unterstützung und die Übernahme des Hauptreferates. Herrn Prof. Dr.-Ing. A. Kulzer und Herrn Prof. Dr.-Ing. C. Trapp danke ich für die Übernahme des Koreferates und dem damit verbundenen Interesse an dem Thema der Arbeit.

Besonders bedanken möchte ich mich auch bei Herrn Dr. Felix Günther und Herrn Dipl. Ing. H.-J. Berner für den fachlichen und persönlichen Austausch und die bereitwillige Unterstützung während der gesamten Arbeit.

Außerdem bedanke ich mich bei allen beteiligten Kollegen am Institut für Fahrzeugtechnik der Universität Stuttgart und der Firma Robert Bosch GmbH.

Zuletzt möchte ich mich bei allen bedanken, die mir den Weg zur Erreichung dieses Meilensteins ermöglicht haben. Meiner Familie gilt ein großer Dank für ihre fortwährende Unterstützung während meines Studiums und der Promotion. Ein besonders herzlicher Dank geht an meine Partnerin Elvira sowie unsere beiden Söhne Emil und Henri für die wunderschöne und notwendige Ablenkung und das gemeinsame Durchhalten.

Vaihingen an der Enz — Ralf Georg Kleisch

Inhaltsverzeichnis

Abbildungsverzeichnis

Tabellenverzeichnis

Abkürzungsverzeichnis

A-ECMS	Adaptive ECMS *siehe auch: ECMS*
AER	rein elektrische Reichweite engl.: *all electric range*
AGR	Abgasrückführung
BEV	Personenkraftwagen engl.: *Battery Electric Vehicle*
BMVI	Bundesministerium für Digitales und Verkehr
cICE	konventioneller Verbrennungsmotor engl.: *conventional internal combustion engine*
CPU	Prozessor engl.: *central processing unit*
dhICE	dedizierter Hybrid-Verbrennungsmotor engl.: *dedicated hybrid internal combustion engine*
DOD	Entladungstiefe engl.: *Depth of Discharge*
DOE	Statistische Versuchsplanung engl.: *Design of Experiments*
DP	Dynamische Programmierung engl.: *Dynamic Programming*
ECMS	engl.: *Equivalent Consumption Minimization Strategy*
FTP	engl.: *Federal Test Procedure*
GA	Genetischer Algorithmus
GPS	Globales Positionsbestimmungssystem engl.: *Global Positioning System*
HEV	Hybridfahrzeug engl.: *Hybrid Electric Vehicle*
HVAC	Heizung, Lüftung und Klimatisierung, engl.: *Heating, Ventilation und Air Conditioning*
IFS	Institut für Fahrzeugtechnik Stuttgart
ISG	Integrierter Starter-Generator

MM	Misch-Hybrid engl.: *Multi Mode*
NEFZ	Neuer Europäischer Fahrzyklus
NVH	engl.: *Noise, Vibration, Harshness*
OEM	Erstausrüster engl.: *Original Equipment Manufacturer*
P2	Parallel Hybrid mit E-Maschine zwischen Kupplung und Getriebeeingang
PHEV	Plug-In Hybrid Electric Vehicle
PID	Proportional-Integral-Differential
Pkw	Personenkraftwagen
PS	Leistungsverzweigter Hybrid engl.: *Power Split*
PSM	Permanenterregte Synchronmaschine
PSO	Partikelschwarmoptimierung
PX	Parallel Hybrid mit E-Maschine an Position X
RDE	Emissionen im praktischen Fahrbetrieb engl.: *Real Driving Emissions*
SoC	Ladezustand engl.: *State of Charge*
SP	Seriell-Parallel Hybrid
SUV	Stadtgeländewagen engl.: *Sport Utility Vehicles*
TTR	engl.: *through the road* Hybrid
WLTC	engl.: *Worldwide harmonized Light Duty Test Cycle*
WLTP	engl.: *Worldwide harmonized Light Duty Test Procedure*

Symbolverzeichnis

	Lateinische Buchstaben	
A	Fläche	m^2
a	Beschleunigung	
C	Kapazität	F
c_W	Luftwiderstandsbeiwert	–
F_N	Normalkraft	N
F_R	Reibungskraft	N
f_R	Reibbeiwert	-
F_Z	Zugkraft	N
g	Gravitationskonstante	$\mathrm{m\,s}^{-2}$
H_U	unterer Heizwert	$\mathrm{kJ\,kg}^{-1}$
I	Stromstärke	A
i	Übersetzung	–
J	Lagrangsches Gütemaß	–
M	Drehmoment	N m
$\dot{m}$	Massenstrom	$\mathrm{kg\,s}^{-1}$
m	Masse	kg
n	Drehzahl	min^{-1}
P	Leistung	W
p_{me}	effektiver Mitteldruck	bar
Q	Ladung	C
R	elek.Widerstand	Ω
r_{dyn}	dynamischer Radhalbmesser	m
s	Äquivalenzfaktor	–
t	Zeit	s
tq	Drehmoment	Nm
U	Spannung	V
U_{OCV}	Leerlauf-Spannung engl.: *Open Circuit Voltage*	V
V	Volumen	m^3
v	Geschwindigkeit	$\mathrm{m\,s}^{-1}$

V_H	Hubvolumen	m^3

	Griechische Buchstaben	
α	Winkel	°
Δ	Differenz	-
ε	Verdichtungsverhältnis	–
η	Wirkungsgrad	-
λ	Kraftstoff-Luft-Verhältnis	-
λ_a	Antriebsschlupf	-
ω	Winkelgeschwindigkeit	$\mathrm{rad\,s^{-1}}$
φ	Kurbelwinkel	°KW
ψ	Momentenaufteilung	-
ρ	Dichte	kg/m^3
θ_E	Echtzeitfaktor	–

	Indizes
Bat	Batterie
Ced	Verbrennungsmotor engl.: *combustion engine device*
Dec	Verzögerung engl.: *Deceleration*
dyn	Dynamisch
e	effektiv
Edr	E-Maschine engl.: *E-Drive*
egy	Energie
elek	elektrisch
fac	Faktor engl.: *factor*
FiD	Achsgetriebe engl.: *final drive*
i	innen
idx	Index
Krst	Kraftstoff
LW	Luftwiderstand
max	maximal
mech	mechanisch
min	minimal
N	nominal oder Nenn-

norm	Normiert
Pnt	Bordnetz engl.: *power net*
Pri	primär
Prop	Antrieb engl.: *Propulsion*
Pta	Antriebsstrang engl.: *Powertrain*
R	Reibung
rat	Übersetzung engl.: *ratio*
red	reduziert
ref	Referenz
rel	relativ
res	Reserve
S	Schlupf
Sek	Sekundär
Sim	Simulation
Split	Verteilung engl.: *Split*
St	Steigung
Tra	Getriebe engl.: *Transmission*
veh	Fahrzeug engl.: *vehicle*
VT	Triebstrangverluste
Whl	Rad engl.: *Wheel*

Kurzfassung

Der individuelle Personenkraftverkehr unterliegt mit der voranschreitenden Elektrifizierung des Verkehrssektors einem großen Wandel. Angetrieben durch das steigende Umweltbewusstsein und dem Bestreben der globalen Klimaerwärmung entgegen zu wirken, fordern sowohl Politik als auch Öffentlichkeit einen klimafreundlichen Individualverkehr. Dieser wird häufig über lokal emissionsfreie Fortbewegung realisiert. Da der konventionelle Antriebsstrang mit Verbrennungsmotor eine lokale Emissionsfreiheit prinzipbedingt nicht bewerkstelligen kann, werden hierzu verschiedene Lösungsansätze verfolgt. Begünstigt durch staatliche Subventionen und eine global angespannte Weltwirtschaftslage erfahren sowohl der reine Elektro- als auch der hybride Antrieb starken Zuspruch.

Durch die Integration des Elektromotors in das Antriebskonzept für Pkws ergeben sich eine Vielzahl an neuen Antriebstopologien. Vor allem die Hybridantriebe weisen eine hohe Anzahl möglicher Konfigurationen auf – aber auch der reine Elektroantrieb unterliegt durch die verschiedenen Möglichkeiten zur Positionierung der Antriebskomponenten einer starken Variantenvielfalt. Ein weiterer wichtiger Aspekt ist die Dimensionierung der Komponenten. Diese ist zum einen entscheidend für die Realisierung von Auslegungszielen und das Umsetzen von Leistungskennzahlen als auch für die Wirtschaftlichkeit des zu entwickelnden Antriebsstrangs. Sowohl die Positionierung als auch die Dimensionierung der Komponenten im Antriebsstrang eröffnen eine Vielzahl an Freiheitsgraden und münden in einer hohen Variantenvielfalt.

Im Auslegungs- und Entwicklungsprozess für künftige Fahrzeugkonzept gilt es diese Variantenvielfalt zu beherrschen. Trotz der vergleichsweise hohen zeitlichen Effizienz beim Einsatz von Simulationsmodellen im Auslegungsprozess, entsteht durch die reine Vielfalt der Antriebsstrangkonfigurationen die Notwendigkeit den Simulationsprozess zu optimieren. Dies ermöglicht die Suche des optimalen Antriebsstrang in einem möglichst großen Lösungsraum. Die vorliegende Arbeit befasst sich mit der Entwicklung einer Methodik und Simulationsmodellen zum effizienten Einsatz verschiedener simulativer Ansätze und

Granularitätsstufen im Auslegungsprozess hybrider Antriebsstränge. Hierbei wird zunächst im Rahmen der Methodik eine Überprüfung der Einhaltung von Auslegungsziele durchgeführt. Diese wird anhand verschiedener Leistungskennzahlen wie beispielsweise den Höchstgeschwindigkeiten in verschiedenen Betriebsmodi, der elektrischen Reichweite oder der Steigfähigkeit überprüft. Hierzu werden zugkraftbasierte Berechnungen herangezogen. Um bereits zu Beginn des Auslegungsprozesses eine Vielzahl an Konzepten ausschließen zu können, ist es hilfreich in einer frühen Phase Anforderungen an das System zu formulieren. Je nach Anforderung und Auslegungszielen ermöglicht die Methodik verschiedene Ansätze zur Auslegung des optimalen Antriebsstrangs. Auf der einen Seit kann, wenn gewisse Komponenten oder deren Dimensionierung bereits zu Beginn des Entwicklungsprozesses eingegrenzt werden können, vollfaktorielle Versuchspläne über alle sich ergebenden Varianten erstellt werden. Wird ein möglichst großer Parameterraum untersucht, dessen Grenzen zu Beginn des Auslegungsprozesses nicht zu stark eingegrenzt werden, kann innerhalb des Simulationstools auf die statistische Versuchsplanung zurückgegriffen werden. Diese bietet den Vorteil die Zahl zu untersuchender Konzepte abhängig von der, für die Untersuchung, zur Verfügung stehenden Zeit anzupassen.

In einem nächsten Schritt werden die verbleibenden Konfigurationen mit Hilfe einer global optimalen Betriebsstrategie auf Basis der Dynamischen Programmierung berechnet. Diese Simulationsstufe bildet eine, vor allem zeitlich, grobe Diskretisierung ab und ermöglicht eine globale Einordnung der Simulationsergebnisse der einzelnen Konfigurationen. Je nach Anforderung und Erfüllung der Auslegungsziele wird der zu untersuchende Parameterraum durch diese Potentialanalyse weiter eingeschränkt. Aufbauend auf den Ergebnissen der DP wird eine ECMS („*Equivalent Consumption Minimization Strategy*")-basierte Berechnung der verbleibenden Konfigurationen durchgeführt. Diese ist bzgl. der Regelparameter und der Zeit feiner diskretisiert. Durch einen Ansatz zur Vorausberechnung aller auftretender Zustandsgrößen, kann die Berechnungszeit der iterativ berechneten ECMS stark reduziert werden und ermöglicht somit eine zeiteffiziente Berechnung einer Vielzahl an Antriebsstrangkonfigurationen. Die entwickelte Methodik und die Simulationsmodelle werden in dieser Arbeit anhand einer beispielhaften Auslegung eines seriell-parallel Hybriden gezeigt, durchgeführt und ausgewertet. Die Verwendung der ECMS, als Betriebsstrategie in der Antriebsstrangauslegung bietet auf Grund ihrer Online-Fähigkeit den Vorteil der direkten Anwendbarkeit im Fahrzeug und ermöglicht eine Vorauslegung der Applikationsparameter. Gleichzeitig bietet die dynamische Programmierung mit den global optimale Simulationsergebnissen eine Möglichkeit der Einordnung der ECMS-basierten Ergebnisse. Es zeigt sich, dass die Verwendung der adaptiven ECMS eine robuste Methode zur Auffindung lokaler Optima ist und diese ähnliche Abhängigkeiten bzgl. der Variationsparameter im hybriden Antriebsstrang aufweist wie die DP-optimierten Simulationsmodelle.

Zur Validierung der entwickelten quasistationären Modelle wird eine dynamische Vorwärtssimulation genutzt. Diese kann im Rahmen der entwickelten Simulationsumgebung auch zur Weiterentwicklung der identifizierten Antriebsstrangkonzepte verwendet werden. Alle Simulationsmodelle greifen auf die selbe Modellbibliothek zu und vermeiden somit eine häufige Fehlerquelle bei der Verwendung verschiedener Simulationsumgebungen. Die vorliegende Arbeit untersucht die Simulationsergebnisse der einzelnen verwendeten Detaillierungsstufen und vergleicht diese bzgl. ihrer Güte mit dem jeweils höheren Detaillierungsgrad. Dabei wird zum einen auf die unterschiedliche physikalische Modellierung aber auch auf die Unterschiede zwischen den beiden verwendeten Betriebsstrategien eingegangen.

Abstract

The individual passenger traffic undergoes a profound transformation with the advancing electrification of the transportation sector. Driven by increasing environmental awareness and the endeavor to counteract global climate change, both politics and the public demand environmentally friendly individual transportation. This is often achieved through locally emission-free mobility. Since the conventional powertrain with an internal combustion engine cannot inherently provide local emission-free operation, various solutions are being pursued. Favored by government subsidies and a globally tense economic situation, both pure electric and hybrid propulsion systems are experiencing strong support.

The integration of the electric motor into the drivetrain concept for passenger cars results in a variety of new drive topologies. Especially hybrid drives, through the combination of two drive or storage technologies, exhibit a high number of possible configurations. However, pure electric propulsion also undergoes a strong diversity of variants due to the various options for positioning the drive components. Besides the arrangement of the units in the powertrain, the sizing of the components themselves is of great importance. This is crucial for achieving design objectives and implementing performance metrics, as well as for the economic viability of the powertrain under development. Vehicles typically require a sufficiently powerful electric machine and, consequently, a corresponding battery to accomplish purely electric journeys over certain ranges. Both the positioning and sizing of components in the powertrain thus result in a multitude of degrees of freedom and lead to a high diversity of variants.

In the design and development process for future vehicle concepts, it is crucial to master this diversity of variants. Despite the comparatively high efficiency in the use of simulation models in the design process, the sheer variety of powertrain configurations necessitates optimizing the simulation process. As component models continue to evolve, they become increasingly complex. Particularly in the design and development of drivetrains at the system level, the complexity of the models used is highly relevant. The approach developed in this work

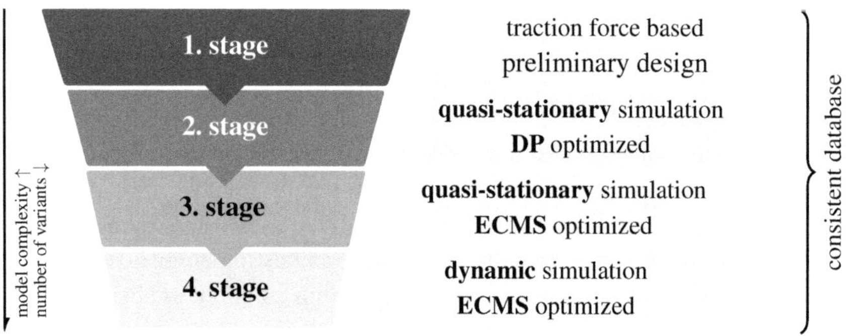

Figure 1: Schematic overview of the step-by-step procedure for identifying ideal drive train configurations

aims to methodically resolve the trade-off between high simulation quality and a wide search space.

This enables the search for the optimal powertrain within the largest possible solution space. Another important aspect is the selection of the operating strategy, which is responsible for identifying the potential of specific configurations. Only if the potentials of different propulsion concepts or different component dimensions are correctly identified, can a fair evaluation of the concepts be made.

The present work deals with the development of a methodology and simulation models for the efficient use of various simulation approaches and granularity levels in the design process of hybrid powertrains. The modeling approach is implemented using P2, serial-parallel, and power-split hybrids. The serial-parallel hybrid is modeled with a variable number of gears and can also be designed as a multi-mode hybrid. For the design of the serial operating points, a defined number of charging operating points is optimized for each possible combination of internal combustion engine and generator in a pre-processing stage. In the example of the P2 hybrid, variations can be made to the electric machine, the battery, the internal combustion engine, or the transmission. Additionally, drivetrain gear ratios can be optimized. Some component parameters are varied discretely, while others are varied in continuous steps.

Initially, within the framework of the methodology, a check is carried out to ensure compliance with design objectives. This is done based on various performance metrics such as maximum speeds in different operating modes, electric range, or climbing capability. Traction force-based calculations are used for this purpose. To be able to exclude a large number of concepts at the beginning of the design process, it is helpful to formulate requirements for the system at an early stage.

Depending on the requirements and design objectives, the methodology allows for various approaches to span the solution space. On the one hand, if certain components or their dimensioning can already be restricted at the beginning of the development process, full factorial experimental designs can be created over all resulting variants. If a large parameter space is to be investigated, whose boundaries are not too strongly restricted at the beginning of the design process, statistical experimental designs can be used within the simulation tool. These offer the advantage of adapting the number of concepts to be investigated depending on the time available for the investigation.

In the second stage, the remaining configurations are calculated using a globally optimal operating strategy based on Dynamic Programming. Depending on the propulsion concept, the operating strategy decides which torque or power distribution between the units is set or which gear is selected for optimal vehicle operation in terms of consumption. This simulation stage represents a coarse discretization, especially in terms of time, and enables a global classification of the simulation results of the individual configurations. Furthermore, it offers the advantage of not requiring parameterization and thus provides a robust variant for identifying the global optimum. Depending on the requirements and fulfillment of the design objectives, the parameter space to be investigated is further narrowed down by this potential analysis.

Building on the results of Dynamic Programming, an ECMS (Equivalent Consumption Minimization Strategy)-based calculation of the remaining configurations is performed. This is finer discretized in terms of control parameters and time than the second stage. Through an approach to pre-calculate all occurring state variables, the calculation time of the iteratively calculated ECMS can be greatly reduced compared to a dynamic simulation, enabling efficient calculation of a large number of powertrain configurations. The developed methodology

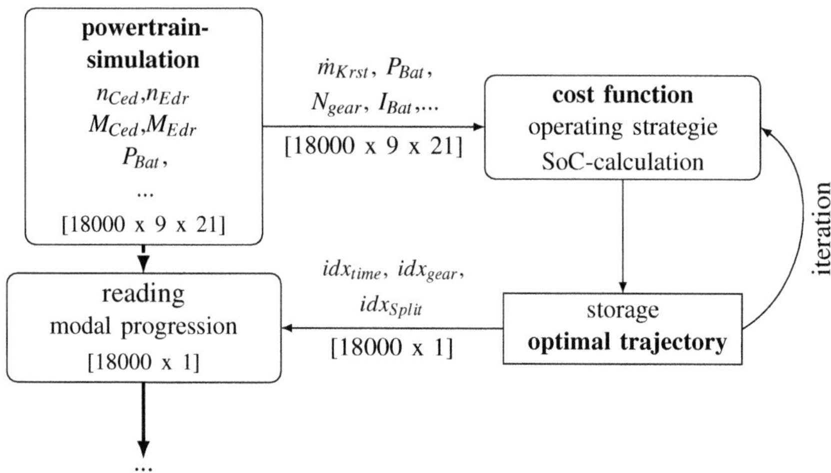

Figure 2: Diagram of the iterative calculation of the operating strategy as part of the powertrain simulation

and simulation models are demonstrated, performed, and evaluated in this work using an exemplary design of a series-parallel hybrid. The use of ECMS as the operating strategy in powertrain design offers the advantage of direct applicability in the vehicle due to its online capability and enables preliminary application of application parameters. The use of ECMS as the operating strategy enables easy application of penalty costs within the cost function. Thus, the driveability of the simulated vehicle concept can be ensured, for example, by penalizing gear changes, jumps, or mode switches between purely electric and combustion engine operation. With the help of simplified models, it is possible to limit the continuous load of the electric machines during operation or to prevent the shutdown of the combustion engine.

At the same time, Dynamic Programming with the globally optimal simulation results offers a way to classify ECMS-based results. It turns out that the use of adaptive ECMS is a robust method for finding local optima and exhibits similar dependencies regarding variation parameters in the hybrid powertrain as the DP-optimized simulation models.

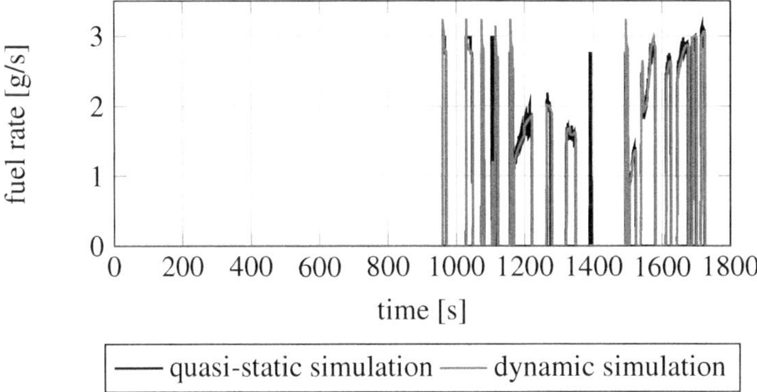

Figure 3: Comparison of the fuel mass flow for an SP hybrid in the WLTP

To validate the developed quasi-stationary models, a dynamic forward simulation is used. This, like the previous stage, is optimized using an adaptive ECMS. By its nature, forward simulation is capable of representing dynamic effects, such as delayed torque buildup, thereby possessing the highest quality of results. With the help of temperature models, the warm-up of components and thus the compliance with thermal limits can also be represented.

Another characteristic of the work is the utilization of a shared model library for both quasi-static and dynamic simulation approaches. This enables a rapid transition between simulation environments and ensures consistency between the models used. The models are always stored at the highest level of detail and abstracted for the lower-granularity levels.

The present work examines the simulation results of the various levels of detail used and compares them in terms of their quality with the respective higher levels of detail. This includes consideration of both the different physical modeling and the differences between the two operating strategies used. The study demonstrates a very high degree of consistency between the simulation levels. Due to the similar physical modeling between the quasi-static levels, a comparison of the effects and differences between the various operating strategies and the different discretizations is enabled. The results indicate a differing choice of operating points and yet demonstrate a high level of consistency among the configurations identified as optimal with respect to the design parameters.

Furthermore, it can be shown that the developed quasi-static simulation environment is highly suitable for powertrain design, as it exhibits both very high result quality compared to the dynamic simulation approach and significantly reduced computation time.

As can be demonstrated within the scope of the scientific work, the developed simulation environment is also suitable for tuning the ECMS application parameters. It is evident that both the quasi-static and dynamic simulation environments not only exhibit similar consumptions but also show nearly identical trends regarding operational metrics such as the number of engine starts or the energy throughput through the battery. Similarly, it can be shown that variations of design parameters in the powertrain, such as the gearing of the electric machine or the electrical load, coincide both in their absolute values and in their trends.

The present study shows that the applied methodological approach of a stepwise strategy proves to be highly effective as the complexity of the models increases, utilizing various operational strategies throughout the design process. Through the gradual narrowing down of the solution space, it allows for an increase in model accuracy or refinement of the discretization of the design parameters. This approach initially opens up a broad search space and does not restrict the selection of the concept in the early stages of the conceptual process. By employing a shared model library, the developed approach can also serve as a modular toolkit. Thus, depending on the requirements of the investigation, certain stages can be skipped or re-executed after refining the requirements for the concept. By calculating specific operational metrics for each configuration after the respective simulation runs, the user is provided with a simple and individual assessment of the simulation results.

1 Einleitung

Die Elektrifizierung des individuellen Personenkraftverkehrs wird heutzutage sowohl politisch gefördert, als auch von der Öffentlichkeit gefordert. Der öffentliche und politische Druck auf die Fahrzeughersteller wird dabei immer größer. Diese stehen in Anbetracht des Klimawandels und der damit verbundenen notwendigen Reduzierung der Treibhausgas-Emissionen in besonderem Fokus bei der Debatte um die Erfüllung des Pariser Klimaabkommens. Ein wichtiger Bestandteil ist die Elektrifizierung des Personenkraftverkehrs. Der Einzug des Elektromotors in den konventionellen Antriebsstrang eröffnet dabei eine Vielzahl an Möglichkeiten, die Effizienz des Fahrzeug sowohl auf System- als auch auf Komponentenebene weiter zu steigern und schafft neue Freiheitsgrade bei der Auslegung und dem Betrieb des Fahrzeugs.

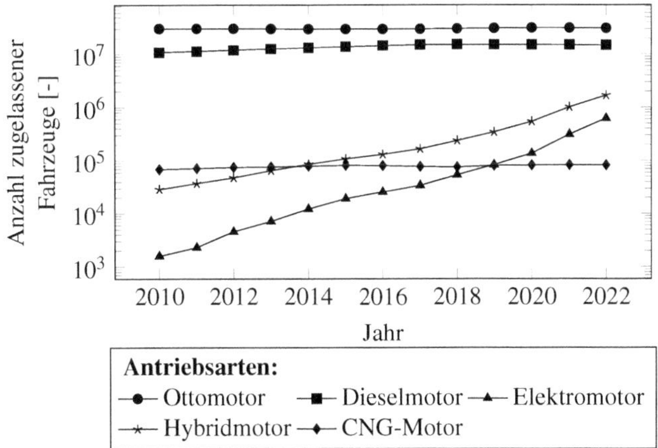

Abbildung 1.1: Bestand an Personenkraftwagen in Deutschland bis 2022 nach [42]

Dies bringt eine Vielzahl an neuen Fahrzeugkonzepten hervor und verändert den bisherigen konventionellen Antriebsstrang. Dabei stellen hybride Antriebsstränge, die sowohl über einen Verbrennungsmotor als auch ein oder mehrere

R. G. Kleisch, *Modellbasierter Ansatz zur Ermittlung optimaler Hybrid-Antriebsstrangkonfigurationen unter Anwendung verschiedener Optimierungsalgorithmen*, Wissenschaftliche Reihe Fahrzeugtechnik Universität Stuttgart,
https://doi.org/10.1007/978-3-658-47637-3_1

Elektromotoren verfügen, einen Großteil der möglichen Konfigurationen dar. Ebenso ergeben sich für rein batterieelektrische Fahrzeuge vielfältige Antriebsstrangkonfigurationen u.a. durch den Einsatz mehrerer Elektromotoren. Entsprechend weist die Anzahl der Neuzulassungen der vergangen Jahre einen steigenden Trend bzgl. der Marktdurchdringung hybrider und rein-elektrischer Antriebstechnologien auf, während die Bestände rein konventioneller Diesel- und Ottomotoren relativ geringe Zuwächse bzw. in den Jahren 2021/22 sogar leichte Rückgänge aufweisen. [41][42] Dabei ist nicht nur der Kunde mit der Wahl eines ihn ansprechenden Konzepts konfrontiert, sondern auch OEMs und Zulieferer stehen in der Verantwortung entsprechende Konzepte auf den Markt zu bringen und das wachsende Umweltbewusstsein der Kunden zu bedienen.

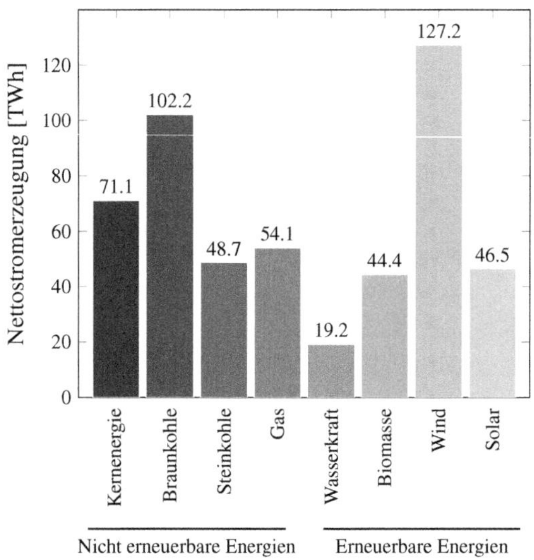

Abbildung 1.2: Nettostromerzeugung in Deutschland nach [12]

Um die Klimaziele des Pariser Klimaabkommens zu erreichen und damit die Erhöhung der globalen Mitteltemperatur unter 2 °C halten zu können, geht die Bundesregierung unter Berufung auf Studien des BMVI davon aus, dass die Emissionen im Verkehrssektor um bis zu 42 % gegenüber 1990 gesenkt werden müssen. [10][78] Zur Erreichung der Klimaziele im Verkehrssektor, werden auch im Energiesektor zunehmend erneuerbare Energien gefördert.

2019 fielen 46 % der Nettostromerzeugung auf regenerative Energien. Der steigende Anteil regenerativer Energien kann sich dabei direkt positiv auf die Klimabilanz von PHEV- oder Elektrofahrzeugen auswirken. Aufgrund fehlender Energiespeichermöglichkeiten dieser Größenordnung, können jedoch auch konventionelle Verbrennungsmotoren und nicht-aufladbare (nicht-PHEV) Hybride eine entscheidende Rolle in der Verkehrswende spielen und von regenerativ erzeugter Energie profitieren. Durch synthetisch erzeugte Kraftstoffe können Energieüberschüsse gepuffert werden, Verbrennungsmotoren weitestgehend CO_2-neutral betrieben und durch den Einsatz von Hybrid-Fahrzeugen ebenso lokal emissionsfreie Stadtfahrten ermöglicht werden.

1.1 Motivation und Ziel der Arbeit

Die Elektrifizierung des konventionellen Antriebsstrangs bietet vielfältige Möglichkeiten zur Integration des Elektromotors in das Fahrzeug. Dabei kann der Elektromotor sowohl die Funktion des primären Energiewandlers übernehmen oder neben einem Verbrennungsmotor eingesetzt werden. Durch die Anordnung der E-Maschine an verschiedenen Position des Triebstrangs ergeben sich verschiedene Topologien, die im Kraftfahrzeug zum Einsatz kommen. Neben den Antriebskonzepten bei denen eine E-Maschine in den bestehenden herkömmlichen Antriebsstrang integriert werden („Add-On"-Hybride), besteht auch die Möglichkeit zur Entwicklung neuer Antriebskonzepte. Diese bedienen sich meinst – abgesehen von einem primären Energiewandler in Form eines Verbrennungs- oder Elektromotors – weiterer E-Maschinen. Neben der Wahl einer Anordnung der verschiedenen Aggregate müssen auch die jeweiligen Komponenten des Fahrzeugs dem Einsatzzweck und ihren Anforderungen entsprechend dimensioniert werden. Die Variation der Topologie als auch der Komponenten selbst ergibt hierdurch, sowohl für Hybrid- als auch reine Elektrofahrzeuge, eine große Vielfalt an Auslegungsparametern, die es zu beachten gilt. Aufgrund dieser großen Vielfalt ist es wichtig, bereits in einer sehr frühen Phase der Konzeptentwicklung mit Hilfe von Simulationen erste Einschätzungen bzgl. der Effizienz der Topologien und der Dimensionierung der verschiedenen Komponenten treffen zu können. Dabei besteht im Entwicklungsprozess häufig ein Zielkonflikt zwischen der Genauigkeit und der Rechenzeit. Bei einer geforderten Simulationsgüte und einem damit verbundenen hohen Detaillierungsgrad der Modelle steigt auch die Rechenzeit, wodurch eine aufwändige Berechnung einer Vielzahl an Konzepten meist nicht möglich oder wirtschaftlich ist. So wird entweder bereits zu Beginn des Entwicklungsprozess der Suchraum, d.h. Topologie und Komponentendimensionierung, stark eingeschränkt oder die Untersuchungen erfolgen anhand schneller grob granularer Simulationsmodelle. Um diesen Zielkonflikt teilweise aufzulösen, wird in der folgenden Arbeit am Beispiel der Hybridfahrzeuge eine Methodik und Simulationsumgebung entwickelt, die es ermöglicht, eine große Anzahl an Hybridkonfigurationen zu untersuchen und unter Verwendung verschiedener Modelldetaillierungsstufen und Betriebsstrategien zu bewerten.

2 Hybride Antriebsstränge

Der hybride Antriebsstrang zählt zu den alternativen Antriebstechnologien, da dieser mindestens zwei Energiewandler und ebenso zwei verschiedene Formen von Energiespeichersystemen in einem Antriebssystem vereint.[21] Der im Folgenden als „konventionell" bezeichnete Antrieb verwendet für den Vortrieb des Fahrzeugs bzw. die Energiewandlung lediglich einen Verbrennungsmotor. Dieser ermöglicht es in Form von Kraftstoff chemisch gespeicherte Energie in mechanische Energie zu wandeln. Trotz prinzipbedingter Verluste ist der Verbrennungsmotor aufgrund der sehr hohen Energiedichte des flüssigen Kraftstoffs mitunter die zentrale Komponente aktueller Hybridkonzepte. Darüber hinaus kommen in Hybridkonzepten Elektromotoren zum Einsatz. Je nach Topologie des Antriebsstrangs, werden hier ein oder mehrere E-Maschinen eingesetzt. Der Elektromotor besitzt die Vorteile eines hohen Wirkungsgrades, eines hohen Drehmoments bereits bei geringen Drehzahlen und der Möglichkeit des lokal emissionsfreien Betriebs. Weiterhin existieren Hybrid-Konfigurationen, die sich einer Brennstoffzelle oder eines hydraulischen Systems bedienen. Im Rahmen dieser Arbeit werden Antriebsstränge betrachtet, die einen Verbrennungsmotor und einen oder mehrere Elektromotoren verwenden.

2.1 Elektrifizierung des Antriebsstrangs

Der konventionelle Antriebsstrang bestehend aus einem Verbrennungsmotor, einer Kupplung, einem Stufengetriebe und einer Achsübersetzung wird in den letzten Jahren zunehmend um elektrische Antriebskomponenten ergänzt. Dabei entstehen Antriebstopologien, die weiterhin den Verbrennungsmotor als primäres Antriebsaggregat nutzen, aber auch Antriebskonzepte, in denen der elektrische Vortrieb in den Vordergrund rückt oder als alleiniger Antrieb fungiert. Im Folgenden sollen die in dieser Arbeit untersuchten Konfigurationen erläutert werden, die einen Verbrennungsmotor als primären Energiewandler und ein oder mehrere elektrische Maschinen nutzen.

R. G. Kleisch, *Modellbasierter Ansatz zur Ermittlung optimaler Hybrid-Antriebsstrangkonfigurationen unter Anwendung verschiedener Optimierungsalgorithmen*, Wissenschaftliche Reihe Fahrzeugtechnik Universität Stuttgart,
https://doi.org/10.1007/978-3-658-47637-3_2

2.1.1 Antriebsstrangtopologien

Je nach Anordnung und Anzahl der Antriebsaggregate im Antriebsstrang, ergeben sich eine Vielzahl an möglichen Topologien. Häufige Vertreter bereits in Serie befindlicher Hybridfahrzeuge sind die parallele, serielle und leistungsverzweigte Anordnung der Antriebsmaschinen. Je nach Topologie und Leistung der eingesetzten Aggregate ergeben sich hierbei verschiedene Betriebsmodi, Funktionen und Freiheitsgrade, die umgesetzt werden können. Aus diesen drei Basis-Konfigurationen lassen sich weitere Kombinationen und Ausführungsformen herleiten.

Paralleler Hybrid

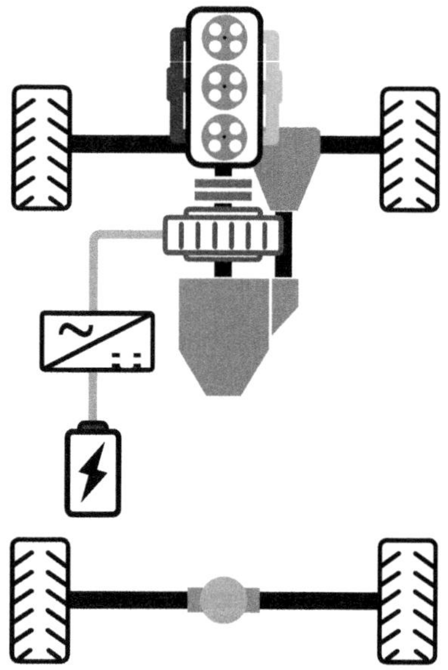

Abbildung 2.1: Parallele Hybridkonfiguration

Der Parallele Hybrid weist die größte Ähnlichkeit zum konventionellen Antrieb auf. Der Elektromotor kann hier an verschiedenen Stellen in den Antriebsstrang integriert werden. Je nach Position der E-Maschine spricht man hier von P0-, P1-, P2-, P3- oder P4-Hybriden. Ein P0-Hybrid besitzt einen, meist in ein 48 V-System integrierten, Elektromotor auf der Nicht-Abtriebsseite des Verbrennungsmotors. Befindet sich der Elektromotor an der Position „1" ist dieser auf der Abtriebsseite des Verbrennungsmotors angebracht und befindet sich, im Gegensatz zum P2-Hybriden, vor der Trennkupplung. [34] Durch die Anbringung der E-Maschine zwischen Kupplung und Getriebe, ergeben sich für den P2-Hybriden zusätzliche Freiheitsgrade, die der P1-Hybrid nicht aufweist. Befindet sich die EM hinter dem Getriebe oder dem Achsgetriebe, wird hier von einem P3- oder P4-Hybriden gesprochen.

In dieser Arbeit wird lediglich der P2-Hybrid, wie er in Abbildung 2.1 zu sehen ist, behandelt. Dieser weist durch seine hohe bauliche Übereinstimmung mit dem konventionellen Antriebsstrang die höchste Vergleichbarkeit auf, erweitert den herkömmlichen Antrieb um eine Vielzahl an Betriebsmodi und ist aufgrund der vergleichsweise einfachen Integration der E-Maschine in den Antriebsstrang sehr beliebt. Diese wird häufig in Form eines ISG in die Getriebeglocke integriert. [75] [34]

Tabelle 2.1: Betriebsmodi des P2-Hybriden

Modus	Motor	E-Maschine	Kupplung
E-Drive	0	+	○
Lastpunktabsenkung	+	+	•
Lastpunktanhebung	+	−	•
verbrennungsmotorisch	+	0	•
Rekuperation	0	−	○

Serieller/Pralleler Hybrid

Der rein serielle Hybrid besitzt keine mechanische Verbindung des Verbrennungsmotors mit den Rädern des Fahrzeugs. D.h. der Verbrennungsmotor kann nicht direkt zum Vortrieb des Fahrzeugs verwendet werden. Die serielle Hybridkonfiguration ist neben dem Verbrennungsmotor mit zwei Elektromotoren ausgestattet. Eine wird direkt oder über eine Stufe mit dem Verbrennungsmotor gekoppelt und als Generator eingesetzt. Der Verbund aus Verbrennungskraftma-

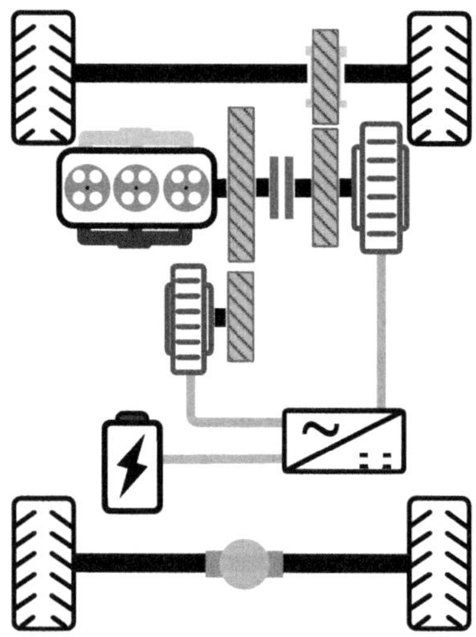

Abbildung 2.2: Serielle Parallele Hybridkonfiguration

schine und Generator stellt dabei die Energie bereit, die entweder zum Antrieb des Fahrzeugs genutzt wird oder in der Batterie zwischengespeichert werden kann. Die zweite E-Maschine wird für die Traktion des Fahrzeugs verwendet. Diese ist üblicherweise leistungsstärker ausgeführt als der Generator. Die serielle Konfiguration bietet den Vorteil, den Verbrennungsmotor vollkommen entkoppelt von den Fahranforderungen betreiben zu können. Sowohl Last als auch Drehzahl können frei eingestellt werden, solange eine geforderte Leistung bereitgestellt wird oder durch die Batterie gepuffert werden kann. Der Verbrennungsmotor wird im seriellen Betrieb meist in stationären Betriebspunkten betrieben, die eine effiziente Energiewandlung ermöglichen.

Ein Nachteil dieser Konfiguration ist die notwendige doppelte Energiewandlung und der damit verbundene verringerte Wirkungsgrad. Die mechanische Energie am Abtrieb des Verbrennungsmotors wird über den Generator in elektrische Energie umgewandelt. Wird für den Vortrieb des Fahrzeugs Leistung durch die Traktionsmaschine gefordert, wird durch diese die elektrische Energie wieder in mechanische Energie gewandelt.

Tabelle 2.2: Betriebsmodi des SP-Hybriden

Modus	Motor	E-Maschine	Generator	Kupplung
E-Drive	0	+	0	○
Seriell	+	+	−	○
Lastpunktanhebung[1]	+	− | 0 | + [2]	− | 0 | + [2]	•
Lastpunktabsenkung[1]	+	+ | 0 [2]	+ | 0 [2]	•
verbrennungsmotorisch	+	0	0	•
Rekuperation	0	−	0	○

[1] Paralleler Betrieb
[2] Die Lastpunktverschiebung kann über die E-Maschine, den Generator oder zeitgleich über beide Aggregate realisiert werden.

Als Erweiterung zum rein seriellen Hybrid besitzt der seriell-parallele Hybrid eine mechanische Kopplung des Verbrennungsmotors mit den Rädern. Dies bietet den Vorteil, bei hohen Leistungsanforderungen oder Geschwindigkeiten den Verbrennungsmotor für den Vortrieb des Fahrzeugs nutzen zu können. Häufig werden diese mit einem Gang ausgeführt, der einem Direktgang oder einer leichten Untersetzung (< 1) entspricht. [44] Somit kombiniert der seriell-parallele Antrieb den Vorteil der abtriebsunabhängigen Betriebspunkteinstellung am Verbrennungsmotor und dem wandlungseffizienten verbrennungsmotorischen Vortrieb.

Leistungsverzweigter Hybrid

Die zentrale Komponente eines leistungsvwerzweigten Hybriden ist das Getriebe, das meist als Planetengetriebe ausgeführt ist. Dieses ist in der Lage, die Leistung einer Welle auf zwei oder mehr Wellen zu verzweigen. In Abbildung 2.3 wird die Leistung des Verbrennungsmotors mit Hilfe eines einfachen Planetensatzes auf einen elektrischen Zweig und die mechanische Abtriebswelle aufgeteilt.

Die Vorteile eines leistungsverzweigten Hybridfahrzeugs beruhen in erster Linie auf der optimalen Verschiebung der Betriebspunkte des Verbrennungsmotors. Sowohl Last als auch Drehzahl können weitestgehend unabhängig von der

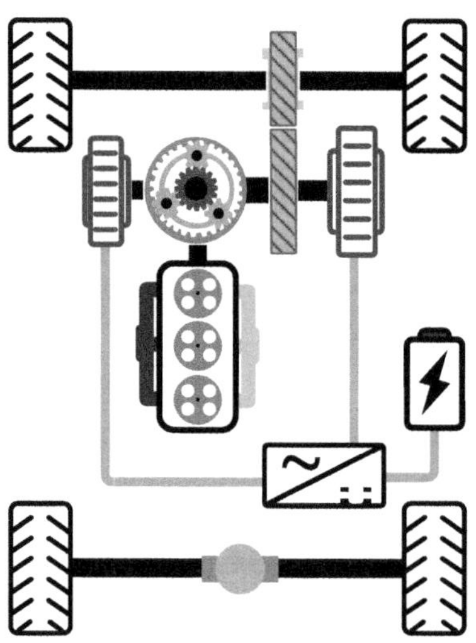

Abbildung 2.3: Leistungsverzweigte Hybridkonfiguration

Fahranforderung eingestellt werden. Des weiteren sind Schaltvorgänge, im Vergleich zum herkömmlichen Stufengetriebe, ohne Zugkraftunterbrechung durchführbar. Nachteile des Systems liegen in der Komplexität und dem erhöhten Steuerungs- und Regelungsaufwand der Komponenten. Ebenso wie für den seriellen und den seriell-parallelen Hybrid ergeben sich durch den Einsatz zweier elektrischer Maschinen erhöhte Kosten. [61] [13]

Weiterhin ergeben sich aus Mischungen der oben genannten Topologien neue Antriebskonzepte. Ein besonders interessantes Konzept stellt der Axle-Split-Hybrid dar. Dabei wird die Vorderachse meist über ein P1- oder leistungsverzweigten Verbund aus Verbrennungsmotor und einer E-Maschine angetrieben. Die Hinterachse ist mit einer oder zwei E-Maschinen ausgestattet. Durch die fehlende mechanische Kopplung der beiden Achsen, können diese unabhängig voneinander angetrieben werden. Je nach Betriebsart ergibt sich ein Front-, Heck- oder Allradantrieb. Lediglich die Fahrbahn dient hier zur Zugkraftaddition.[39]

Tabelle 2.3: Betriebsmodi des PowerSplit-Hybriden

Modus	Verbrennungs-motor	E-Maschine	Generator
E-Drive	0	+	0 | + [1]
Lastpunktanhebung	+	−	−
Lastpunktabsenkung	+	+	−
verbrennungsmotorisch	+	0	0
Rekuperation	0	−	0 | − [1]

[1] Ist der Planetenträger bremsbar ausgeführt, kann der Generator zum Antrieb im rein elektrischen Betrieb oder zur Rekuperation genutzt werden

Eine weitere interessante Form der Hybridfahrzeuge stellen die Multi-Mode-Hybride dar. Diese basieren meist auf einem dedizierten Hybridgetriebe und ermöglichen die Umschaltung zwischen verschiedenen Betriebsmodi bzw. Antriebskonfigurationen. Dies erlaubt beispielsweise den Wechsel zwischen einer parallelen Struktur und/oder einer eingangs- oder ausgangasgekoppelten Architektur. [45] [49]

2.1.2 Klassifizierung nach Leistungsklassen

Neben den verschiedenen Konfigurationen werden Hybride auch entsprechend ihrer elektrischen Leistung klassifiziert. Abhängig von der elektrischen Leistung der Komponenten des Antriebsstrangs, können verschiedene Funktionen im Hybridfahrzeug realisiert werden. Eine gängige Unterteilung erfolgt in die Klassen Mikro-, Mild- und Vollhybride.

Mikro-Hybrid

Die Erweiterung der Funktionsumfänge des konventionellen Antriebsstrangs ist durch eine Mikro-Hybridisierung am geringsten. Jedoch kann die Integration der E-Maschine mit wenigen konstruktiven Maßnahmen in den Antriebsstrang erfolgen und stellt somit eine sehr kostengünstige Variante dar. Durch die Adaption an ein bestehendes System, werden die E-Maschinen bauraumbedingt meist sehr kompakt und mit der herkömmlichen Spannungslage von 14 V ausgeführt. Die Erweiterungen der Funktionen beschränkt sich hierbei auf Start-Stopp-Systeme, geringfügige Rekuperation und die Versorgung der Nebenaggregate beim Stillstand des Fahrzeugs. Im WLTC können Verbrauchseinsparungen von bis zu 5 % realisiert werden. [77][6]

Mild-Hybrid

Wie auch der Mikro-Hybrid nutzt auch der Mild-Hybrid den Verbrennungsmotor als primäres Antriebsaggregat. Die Spannungslage von meist 48 V ermöglicht den Einsatz von elektrischen Maschinen bis zu 20 kW. Diese kann neben Start-Stopp-Funktionen auch zum Boosten und zur Rekuperation verwendet werden. Je nach Leistung der Batterie, der E-Maschine und der Position der E-Maschine im Antriebsstrang kann auch der rein elektrische Antrieb bewerkstelligt werden. Mild-Hybriden werden häufig als P0-, P1- seltener als P2-Konfigurationen ausgeführt. Durch die starre Verbindung der elektrischen Maschine mit dem Verbrennungsmotor bei P0- und P1-Hybriden sind rein elektrische Fahrten nur bedingt sinnvoll bzw. möglich. Ebenso ist das Rekuperationspotential um die Schleppverluste des Verbrennungsmotors verringert.

Voll-Hybrid

Voll-Hybride weisen eine elektrische Antriebsleistung von > 20 kW auf. Um diese hohen Leistungen darstellen zu können, wird eine Traktionsbatterie verwendet, die mit einer Spannungslage zwischen 200 V und 400 V, aber auch höheren Spannungen arbeitet. Der Voll-Hybrid ermöglicht somit auch rein elektrische Fahrten über längere Zeiträume, je nach Kapazität der verbauten Batterie. Üblicherweise können ca. 15 km - 50 km rein elektrisch zurückgelegt werden. Neben dem Hochvolt-Netz, das besondere Sicherheitsmaßnahmen erfordert, wird weiterhin ein Niedervolt-Bordnetz geführt, das die Nebenaggregate speist. Die drei in Kapitel 2.1.1 vorgestellten Topologien sind als Voll-Hybrid bereits viele Jahre in Serie. Die höheren entstehenden Kosten der Voll-Hybride stehen hierbei bis zu 25 % Kraftstoffeinsparung im WLTC gegenüber. [77]

Plug-In-Hybride

Die Erweiterung eines Voll-Hybriden um eine externe Lademöglichkeit, ist das Hauptunterscheidungsmerkmal der Plug-In-Hybriden. Ziel des Plug-In-Konzepts ist die Durchführung rein elektrischer Fahrten mit hoher Reichweite um bspw. tägliche Fahrten von ca. 50 km ohne den Einsatz des Verbrennungsmotors zurücklegen zu können [25]. Zu diesem Zweck werden Traktionsbatterien mit hoher Kapazität eingesetzt. Damit einher gehen jedoch auch ein erhöhtes Gewicht und ein hoher Kostenaufwand.

2.1.3 Betriebsarten hybrider Antriebsstrang

Durch den Einsatz von Elektromotoren im Antriebsstrang, kann im Vergleich zum konventionellen Antriebsstrang die notwendige Leistung zum Vortrieb des Fahrzeugs auf mehrere Aggregate aufgeteilt werden. Wie in Abbildung

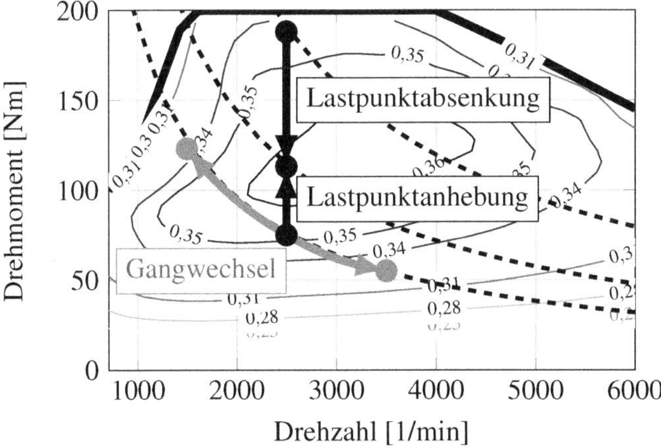

Abbildung 2.4: Lastpunktverschiebung durch Lastpunktanhebung, -absenkung oder Gangwechsel

2.4 dargestellt, wird hierbei zwischen der Lastpunktanhebung und der Lastpunktabsenkung, bezogen auf den Verbrennungsmotor, unterschieden. Bei der Lastpunktabsenkung wird das geforderte Drehmoment am Verbrennungsmotor bei gleichbleibender Drehzahl reduziert. So kann der Betriebspunkt durch

Verringerung der Last beispielsweise in Bereiche höherer Wirkungsgrade verschoben werden. Die Drehmoment- bzw. Leistungsdifferenz wird dann über eine E-Maschine bereitgestellt und die Batterie dabei entladen. Wird der Lastpunkt am Verbrennungsmotor angehoben, wird die überschüssige Leistung durch die E-Maschine im generatorischen Betrieb aufgenommen. Dies kann den Vorteil bieten, niedriglastige Betriebspunkte in effizientere Kennfeldbereiche anzuheben. Gleichzeitig wird die Batterie geladen. Diese Energie kann zu einem späteren Zeitpunkt zum elektrischen Vortrieb des Fahrzeugs oder eine spätere Lastpunktabsenkung genutzt werden. Während durch den Einsatz des Planetengetriebes beim Leistungsverzweigten Hybrid neben dem Drehmoment auch die Drehzahl des Verbrennungsmotors weitestgehend variiert werden kann, ermöglicht der Seriell-(Parallel)-Hybrid eine freie Einstellung der verbrennungsmotorischen Betriebspunkte im seriellen Betrieb.

Weiterhin kann, je nach Ausprägung der Elektrifizierung, das Fahrzeug rein elektrisch angetrieben werden. Der Verbrennungsmotor liefert hierbei keine Leistung. Der rein elektrische Betrieb bietet den Vorteil, Betriebspunkte geringer Last und Drehzahl nicht verbrennungsmotorisch darstellen zu müssen. Ebenso kann ein Anfahren mit Hilfe des Verbrennungsmotors vermieden werden, bei dem eine Synchronisierung der Verbrennerdrehzahl und der Abtriebswelle durch eine Schleifkupplung stattfindet. Der rekuperative Betrieb des Hybriden ermöglicht es, negative Beschleunigungen des Fahrzeugs mit Hilfe einer E-Maschine im generatorischen Betrieb umzusetzen, in elektrische Energie umzuwandeln und diese in der Batterie zu speichern. Die Möglichkeit der Rekuperation und eine spätere Nutzung der rekuperierten Energie zum Vortrieb des Fahrzeugs ermöglicht hohe Verbrauchseinsparungen.

2.2 Beschreibung der Fahrzeuglängsbewegung

Um die Fortbewegung eines Fahrzeugs energetisch bilanzieren und bewerten zu können, muss bekannt sein, welche Kräfte auf das Fahrzeug wirken und wie viel Energie die Antriebsaggregate hierfür benötigen bzw. bereitstellen müssen. Für die energetische Betrachtung genügt hierbei die Bilanzierung der Fahrzeuglängsbewegung. Die Vertikaldynamik wird dabei nicht in die Betrachtung miteinbezogen.

2.2.1 Fahrwiderstände

Die Hauptgleichung des Leistungsbedarf eines Kraftfahrzeugs beschreibt das Gleichgewicht der Leistung, die ein Antriebstrang bereitstellen muss, um die entgegengerichteten Fahrwiderstände zu überwinden. Wird eine Fahrt konstanter Geschwindigkeit in der Ebene betrachtet, müssen die Antriebsaggregate eine Antriebsleitung bereitstellen, die Triebstrangverluste, die Schlupfleistung, den Rollwiderstand und den Luftwiderstand kompensieren. Soll die Geschwindigkeit des Fahrzeugs erhöht oder verringert werden, kommt eine Beschleunigungsleistung hinzu. Bei Befahrung einer Steigung muss ebenso die Steigleistung bereitgestellt werden.

$$\vec{P_e} = \vec{P_{VT}} + \vec{P_S} + \vec{P_R} + \vec{P_{LW}} + \vec{P_{St}} + \vec{P_a} \qquad \text{Gl. 2.1}$$

mit

$\vec{P_e}$	effektive Motorleistung
$\vec{P_{VT}}$	Triebstrangverlustleistung
$\vec{P_S}$	Schlupfleistung
$\vec{P_R}$	Rollreibungsleistung
$\vec{P_{LW}}$	Luftwiderstandsleistung
$\vec{P_{St}}$	Steigleistung
$\vec{P_a}$	Beschleunigungsleistung

Triebstrangverluste

Die Verluste im Triebstrang gehen auf die Gesamtheit der Verluste in den mechanischen Elementen wie z.B. Getriebe, Kupplungen oder Achsgetriebe zurück. Diese entstehen hauptsächlich durch Reibung oder verlustbehaftete Schaltvorgänge.

$$\vec{P_{VT}} = P_N \cdot \left(\frac{1}{\vec{\eta_T}} - 1 \right) \qquad \text{Gl. 2.2}$$

mit

P_N Nabenleistung am Rad
η_T Wirkungsgrad des Triebstrangs

Schlupfverluste

Überschreiten die Antriebs- oder Bremskräfte am Rad die maximal übertragbare Kraft des Reifens, kommt es zum Schlupf. Dieser äußert sich in einer Differenz der theoretischen Geschwindigkeit, berechnet aus der Winkelgeschwindigkeit und dem Umfang des Reifens, des Fahrzeugs und der tatsächlichen Geschwindigkeit.

$$P_S = F_Z \cdot (v_{th} - v_F) = F_Z \cdot v_F \cdot \lambda_a \qquad \text{Gl. 2.3}$$

mit

λ_a Antriebsschlupf $\lambda_a = \frac{v_{th} - v_F}{v_{th}}$

Rollwiderstand

Der Rollwiderstand berechnet sich aus der Normalkraft und dem Rollwiderstandsbeiwert.

$$F_R = F_N \cdot f_R = m \cdot g \cdot cos(\alpha) \cdot f_R \qquad \text{Gl. 2.4}$$

Die Normalkraft ergibt sich dabei aus dem Produkt des Fahrzeuggewichts, der Erdbeschleunigung und der Neigung α der Fahrbahn. Der Rollreibungskoeffizient hängt von einer Vielzahl von Faktoren wie bspw. der Fahrzeuggeschwindigkeit, dem Luftdruck der Reifen oder den Fahrbahnbeschaffenheiten ab [29].

Luftwiderstand

Ein sich bewegendes Fahrzeug erfährt eine Luftwiderstandskraft durch die umgebende Luft. Diese verursacht bei einer Relativgeschwindigkeit zwischen Fahrzeug und Luft zum einen einen Reibungswiderstand auf der Oberfläche des Fahrzeugs und zum anderen der Bewegungsrichtung des Fahrzeugs entgegen gerichtete Kräfte aufgrund des Druckunterschieds zwischen Fahrzeugfront und -heck, ausgelöst durch die Separation des Luftstroms. Diese Verhalten wird durch

$$F_{LW} = c_w \cdot A_{Fx} \cdot \frac{\rho_L}{2} \cdot v_{rel}^2 \qquad \text{Gl. 2.5}$$

mit

c_w	Luftwiderstandsbeiwert
A_{Fx}	Fahrzeugstirnfläche
ρ_L	Luftdichte
v_{rel}	Relativgeschwindigkeit

angenähert.

Steigungswiderstand

Beim Befahren einer nicht-horizontalen Ebene, wird die potentielle Energie des Fahrzeugs erhöht oder verringert. Abhängig vom Winkel der Steigung bzw. des Gefälles der befahrenen Strasse, kann der Steigungswiderstand positiv oder negativ in den Leistungsbedarf eingehen.

$$F_{St} = m \cdot g \cdot sin(\alpha) \qquad \text{Gl. 2.6}$$

Beschleunigungsiwderstand

Durch die Beschleunigung oder Verzögerung eines Fahrzeugs muss dessen Trägheitskraft überwunden und somit dessen kinetische Energie erhöht oder verringert werden. Ein Vorteil von Hybridfahrzeugen ergibt sich durch die

Möglichkeit der Umwandlung der kinetischen Energie durch rekuperatives Bremsen.

$$F_a = e \cdot m \cdot a \qquad \text{Gl. 2.7}$$

Neben der translatorischen Widerstandskraft entlang der Bewegungsrichtung des Fahrzeugs, müssen auch die rotatorischen Trägheiten der Antriebsstrangkomponenten betrachtet werden. Diese werden durch den dynamischen Massefaktor e, der für den direkten Gang bzw. den ersten Gang Werte von 1,04 bzw. 1,4 annehmen kann, angenähert. [68]

2.3 Zugkraftdiagramm

Das Zugkraftdiagramm stellt die maximal verfügbare Zugkraft eines Fahrzeugs bzw. Antriebsstrangs über der Fahrzeuggeschwindigkeit dar. Das Zugkraftdiagramm ermöglicht die Berechnung und Bewertung einer Vielzahl an Parametern im Auslegungsprozess von Antriebsstrangkonfigurationen.

Abbildung 2.5 stellt das Zugkraftdiagramm für einen SP Hybriden mit zwei parallelen Gängen dar. Flächig grau hinterlegt sind die Fahrwiderstände des Rollwiderstandes und des Luftwiderstandes für eine Konstantfahrt bei der entsprechenden Geschwindigkeit. Grau gestrichelt ist die maximal verfügbare Zugkraft der Traktions-E-Maschine abgebildet. Die Zugkraft des Verbrennungsmotors ist schwarz gestrichelt dargestellt. In schwarz aufgetragen ist die Gesamtzugkraft beider Antriebsaggregate. Hierbei ist zu erkennen, dass eine rein elektrische Fahrt bis ca. 210 $\mathrm{km\,h^{-1}}$ möglich wäre. Bei größeren Geschwindigkeiten übersteigen die Fahrwiderstände die verfügbare Zugkraft, so dass eine weitere Beschleunigung des Fahrzeugs nicht mehr möglich ist. Angesichts der maximalen Drehzahl der E-Maschine, ist ein rein elektrischer Vortrieb des Konzepts bis ca. 200 $\mathrm{km\,h^{-1}}$ möglich.

Bereits bei geringen Geschwindigkeiten von ca. 40 $\mathrm{km\,h^{-1}}$, kann der Verbrennungsmotor über die Trennkupplung mit dem Abtrieb verbunden werden und für den Vortrieb des Fahrzeugs genutzt werden. In den Geschwindigkeiten darunter ist lediglich ein elektrischer Vortrieb möglich. Die Wahl der Übersetzungen der

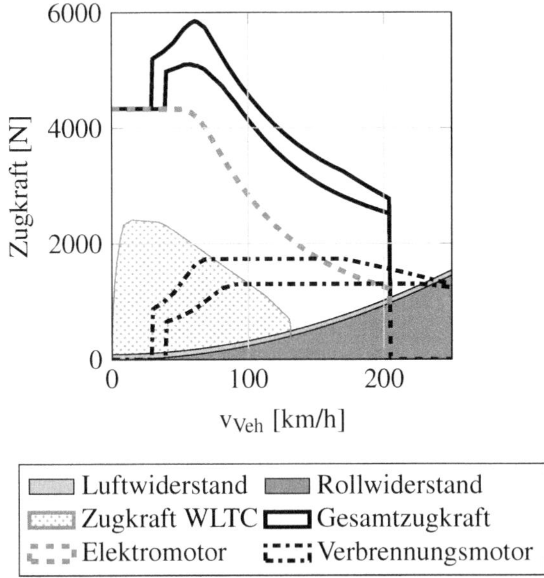

Abbildung 2.5: Zugkraft-Diagramm eines 2-Gang SP-Hybrids mit verfügbaren Zugkräften der Antriebskomponenten und der kombinierten Antriebsleistung

parallelen Gänge - hier 0,8 und 0,6 - bestimmt den Geschwindigkeitsbereich in dem der Verbrennungsmotor zum Vortrieb des Fahrzeugs eingesetzt werden kann. Am Beispiel von Abbildung 2.5 wäre ein rein verbrennungsmotorischer Vortrieb des Fahrzeugs bis ca. 220 $\mathrm{km\,h^{-1}}$ möglich. Da die Traktionsmaschine jedoch nicht abkoppelbar vom Antriebsstrang ausgeführt ist, begrenzt die maximale Drehzahl der E-Maschine die maximal erreichbare Geschwindigkeit des Fahrzeugs. Die konvexe Hüllkurve in Abbildung 2.5 umfasst die Gesamtheit aller auftretenden Betriebspunkte des WLTC. Die Berechnung der auftretenden Zugkräfte im Fahrzyklus ermöglicht die Überprüfung der Fahrbarkeit der Fahranforderung für das untersuchte Konzept. Befindet sich die Hüllkurve unterhalb der gesamt verfügbaren Zugkraft, ist die Fahranforderung darstellbar. Ebenso kann die Darstellbarkeit der rein elektrischen Bewältigung der auftretenden Fahrwiderstände überprüft werden. Weiterhin ist anhand des Zugkraftdiagramms erkennbar, dass ein rein verbrennungsmotorischer Vortrieb des

Fahrzeugs zwischen 40 $\mathrm{km\,h^{-1}}$ und 75 $\mathrm{km\,h^{-1}}$ bzw. 100 $\mathrm{km\,h^{-1}}$ im abgebildeten Fahrzyklus nicht möglich ist.

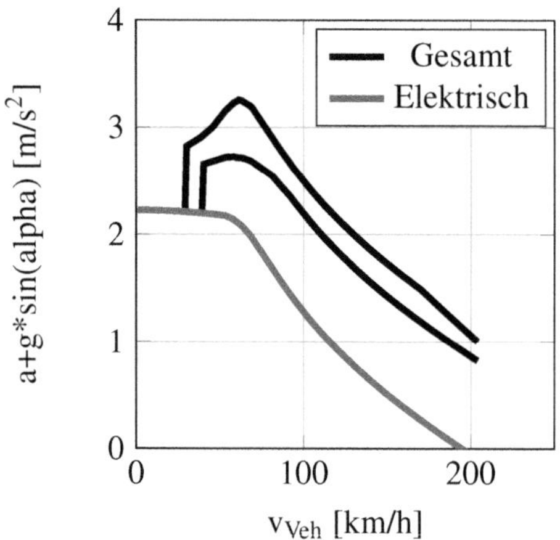

Abbildung 2.6: Gesamt und rein elektrisches Beschleunigungs- und Steigungsvermögen eines 2-Gang SP-Hybrids

Abbildung 2.6 zeigt das Beschleunigungs- und Steigungsvermögen für die in Abbildung 2.5 gezeigte Konfiguration über der Fahrzeuggeschwindigkeit. Für das Befahren einer Fahrbahn ohne Steigung ($\alpha = 0$) steht das volle Beschleunigungsvermögen zur Beschleunigung des Fahrzeugs zur Verfügung. Für eine Konstantfahrt ($a = 0$) kann die verfügbare Beschleunigung für die Befahrung einer Steigung mit $\alpha = \sin^{-1}(\frac{a_{res}(v_{Veh})}{g})$ aufgewendet werden. Ebenso kann anhand des kombinierten Beschleunigungsvermögens überprüft werden, ob eine Steigung ($\alpha > 0$) bei einer angeforderten Beschleunigung a bewältigt werden kann.

Abbildung 2.7 stellt einen Geschwindigkeitsverlauf bei maximal möglicher Beschleunigung, d.h. maximaler Zugkraft, eines P2-Hybriden auf der rechten Ordinatenachse dar. Auf der linken Ordinatenachse ist die Beschleunigung des Fahrzeugs abgebildet. Ein P2-Hybrid kann über das gesamte Geschwindigkeitsband die maximale Zugkraft von Verbrennungsmotor und E-Maschine abrufen. Durch das hier dargestellte Stufengetriebe kommt es beim Wechsel eines Gangs zu einer Zugkraftunterbrechung abhängig von der Schaltzeit. Sowohl der Ge-

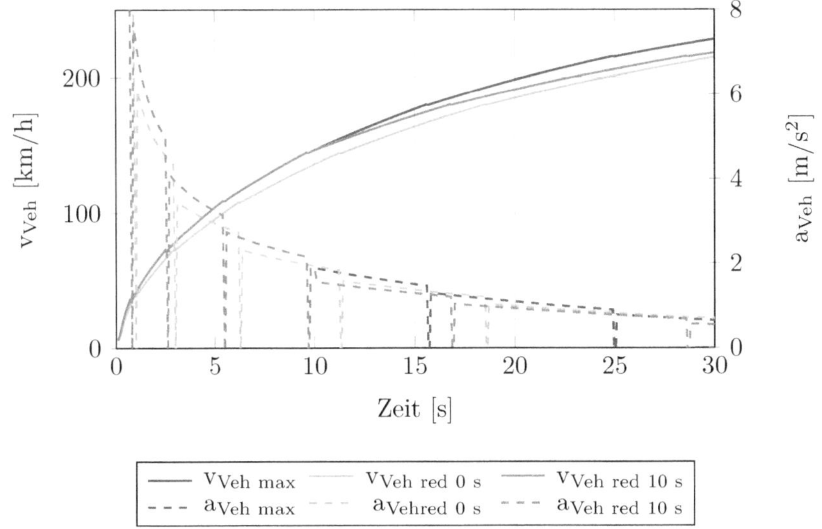

Abbildung 2.7: Geschwindigkeitsverlauf und Beschleunigungsvermögen eines P2-Hybrids für maximal verfügbare Leistung, reduzierte Leistung nach 0 s und 10 s Volllast - entspricht hierbei einer Leistungsreduzierung der E-Maschine um 30 %

schwindigkeitsverlauf als auch die maximale Beschleunigung sind für die drei Fälle

1. Maximal verfügbare Zugkraft aller Komponenten
2. Reduzierte Zugkraft der E-Maschine ab 0 s
3. Reduzierte Zugkraft der E-Maschine nach 10 s Dauerleistung

aufgetragen. Wie in Kapitel 2.5.5 beschrieben wird, stellt die Kurve maximalen Drehmoments der E-Maschine einen Überlastfall dar. Dies muss bei der Berechnung der Fahrleistungskennwerte beachtet werden. Je nach Topologie und Dimensionierung der Antriebsaggregate sind die Auswirkungen der Leistungsreduzierung unterschiedlich. Im Vergleich zum P2-Hybrid stellt Abbildung 2.8 den Geschwindigkeitsverlauf für einen SP-Hybriden dar. Hierbei ist zu erkennen, dass die reduzierte Leistung der E-Maschine einen großen Einfluss auf die erreichbaren Beschleunigungszeiten hat. Dies ist vor allem auf die maximal mögliche Beschleunigung bis ca. 50 km h^{-1} zurückzuführen, da diese zu großen Teilen von der E-Maschine abhängt.

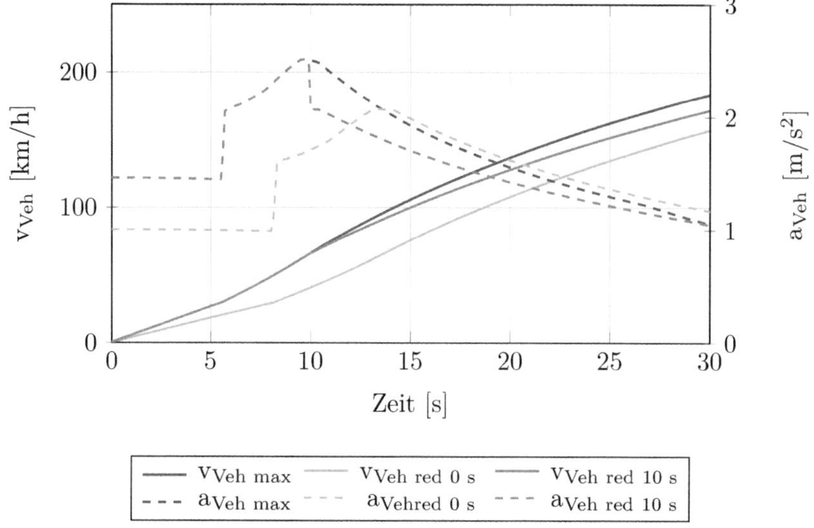

Abbildung 2.8: Geschwindigkeitsverlauf und Beschleunigungsvermögen eines SP-Hybrids für maximal verfügbare Leistung, reduzierte Leistung nach 0 s und 10 s Volllast - entspricht hierbei einer Leistungsreduzierung der E-Maschine um 30 %

Bei voll verfügbarer Zugkraft erreicht der beispielhaft abgebildete SP-Hybrid eine Beschleunigungszeit von ca. 7,5 s für eine Beschleunigung von 0 bis 50 km h^{-1}. Bei einer bereits zu Beginn reduzierten Zugkraft der E-Maschine benötigt das selbe Konzept ca. 12 s. Sowohl für die Berechnung der maximale Zugkraft, als auch das Beschleunigungs- und Steigungsvermögen und die Beschleunigungszeiten kann die maximale Batterieleistung, unter Vernachlässigung der SOC-Abhängigkeit der Zellspannung und des Innenwiderstandes, einbezogen werden.

Im Auslegungsprozess ist die frühe Formulierung von Leistungskennwerten und Anforderungen an das auszulegende Antriebskonzept hilfreich. Eine Vielzahl an Kennwerten kann bereits mit Hilfe zugkraftbasierter Berechnungen überprüft und die Eignung des Konzepts ermittelt werden. Dies bietet den Vorteil, die Variantenzahl je nach Auslegungsaufgabe gegebenenfalls stark reduzieren zu können.

2.4 Simulative Verbrauchsermittlung

Zur Ermittlung des Kraftstoffverbrauchs eines Fahrzeugs existieren verschiedene Methoden, diesen simulativ zu berechnen. Diese unterscheiden sich sowohl in der Methodik als auch dem Detaillierungsgrad der Simulationsmodelle. Mit Hilfe der Methodik der Willians-Linien, kann der Kraftstoffverbrauch eines Verbrennungsmotors mit geringem Aufwand berechnet werden. Hierzu ist lediglich ein berechnetes oder gemessenes Last- und Drehzahlprofil des Verbrennungsmotors notwendig. Mit Hilfe einer linearen Annäherung des Krafstoffmassenstroms über der effektiven Leistung des Motors über die Gleichung

$$m_{Krst}\left[\frac{g}{s}\right]=\alpha\left[\left(\frac{\frac{g}{s}}{kW}\right)\right]\cdot P_e\,[kW]+\beta\left[\frac{g}{s}\right] \qquad \text{Gl. 2.8}$$

können der Gesamtkraftstoffverbrauch bzw. die CO_2-Emissionen für ein Fahrprofil bestimmt werden. Die Faktoren α und β stellen Maße für den Wirkungsgrad des Triebstrangs bzw. interne Verluste des Verbrennungsmotors dar. [72][84]

In [63] wurde eine erweiterte Systematik zur Analyse der Energieflüsse entwickelt und die Methodik der Willians-Linien auf den Elektromotor erweitert – das ermöglicht neben konventionellen Antrieben auch Hybridfahrzeuge zu bilanzieren. Der Ansatz der Linearisierung des Energieverbrauchs der Komponenten bietet den Vorteil sehr geringer Rechenzeiten und erreicht dabei gute Abschätzungen des Kraftstoffverbrauchs für einfache Antriebsstrangkonfigurationen. Jedoch lässt diese Art der Berechnung keine Eingriffe durch eine Energie-Management-Strategie zu und basiert auf einfachen heuristischen Regeln. [63] [29]

2.4.1 Quasistatische Rückwärtssimulation

Der Ansatz der Rückwärtssimulation beruht darauf, ausgehend von einer gegebenen Fahranforderung die notwendige Leistung an den Antriebsaggregaten zu berechnen. Hierbei dienen das Geschwindigkeitsprofil $v(t)$ und die Steigung $\alpha(t)$ der Fahranforderung als Eingangsgrößen. Durch die Ableitung der Geschwindigkeit kann die notwendige Beschleunigung $a(t)$ berechnet werden. Abhängig von der geforderten Genauigkeit der Simulation und der zu erzielenden Rechenzeit, wird eine Zeitschrittweite Δt definiert. Innerhalb dieser Zeitschrittweite wird angenommen, dass stationäre Zustände herrschen. Bei einer hinreichend kleinen Zeitschrittweite, wird von quasistatischen Zuständen gesprochen. D.h. dass das tatsächlich dynamische Verhalten des Fahrzeugs und der Komponenten durch eine feine Diskretisierung der Zeit-Skala als quasistatisch angenähert wird. Unter Berücksichtigung der Fahrzeugparameter werden, wie in Abb. 2.9 dargestellt, die Kräfte und Drehzahlen am Rad berechnet.

Über Annahmen oder Modellierungen der Triebstrangverluste werden die notwendigen Momente an den Abtriebswellen der Antriebsaggregate ermittelt. Für einen konventionellen Antriebsstrang mit nur einem Verbrennungsmotor, kann so das effektive Moment des Motors bestimmt werden. Mit dem entsprechenden Drehzahlprofil und unter Annahme eines bekannten Gang-Vektors, sind die Betriebspunkte des Motors und somit dessen Kraftstoffverbrauch - unter Vernachlässigung dynamischer Effekte - definiert.

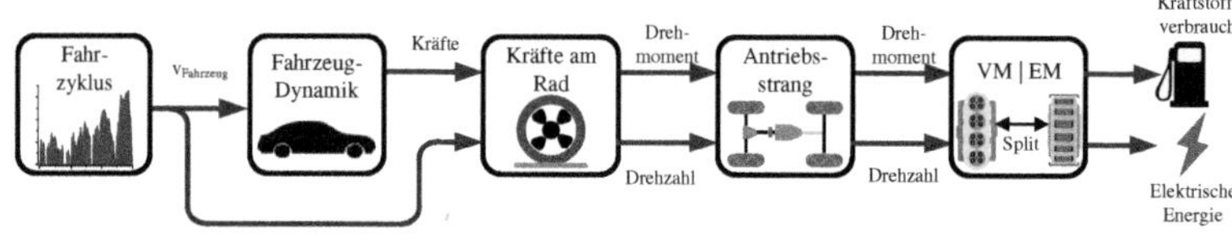

Abbildung 2.9: Informationsfluss einer Rückwärtssimulation

Wird die Wahl des Gangs eines Stufengetriebes nicht als gegeben vorausgesetzt, sondern soll innerhalb der Ermittlung des minimalen Kraftstoffverbrauchs optimiert werden, erhält die Problemstellung einen Freiheitsgrad. Durch die freie Wahl des einzulegenden Gangs kann das Drehzahl- und Drehmomentprofil des Verbrennungsmotors wesentlich beeinflusst werden. Bei einer geforderten Minimierung des Kraftstoffverbrauchs wird – unter Berücksichtigung verschiedener Komponentengrenzen – derjenige Gang gewählt, der den geringsten Verbrauch aufweist. Durch die Integration eines zweiten Antriebsaggregats in den Triebstrang steigt die Komplexität des Optimierungsproblems. Der Ansatz der Rückwärtssimulation ermöglicht hier die Verwendung einer übergeordneten Betriebsstrategie, die die Betriebspunkte beider oder mehrerer Aggregate unter Berücksichtigung des Energiemanagements wählt. Da die Rückwärtssimulation keiner physikalischen Kausalität folgt, ist diese nicht in der Lage, einen geschlossenen Regelkreis abzubilden und erfordert die Kenntnis des Fahrprofils a priori. [29]

2.4.2 Dynamische Vorwärtssimulation

Der dynamische Ansatz der Vorwärtssimulation stellt die physikalisch richtige Wirkrichtung des Informationsflusses wie in Abbildung 2.10 dar. Basierend auf einem Vergleich zwischen Soll- und Ist-Geschwindigkeit werden die einzustellenden Betriebspunkte an den Aggregaten definiert. Das Ziel der Vorwärtssimulation ist es, das reale Verhalten des Fahrzeugs und seiner Komponenten möglichst gut abzubilden. Hierzu wird ein Fahrermodell benötigt, das die Abweichung zwischen Soll- und Ist-Geschwindigkeit, des Fahrzeugs minimiert. Das Fahrermodell wird meist über eine PID-Regler realisiert, der abhängig von der Bedatung der Glieder, verschiedene Fahrweisen abbilden kann. Der Fahrerregler regelt somit das gewünschte Fahrermoment, das dann von der Betriebsstrategie entsprechend auf die Antriebskomponenten aufgeteilt wird.

Ein großer Vorteil des dynamischen Simulationsansatzes ist die Möglichkeit, transiente Effekte abbilden zu können. So kann bspw. der verzögerte Momentenaufbau des Verbrennungsmotors abgebildet werden und dessen Effekt auf das Gesamtfahrzeug untersucht werden. Weiterhin kann die Vorwärtssimulation in vielfältigen Detaillierungsgraden umgesetzt werden. Dies reicht von kennfeldbasierten Modellen bis hin zu mathematischen Modellen, die physikalische Zusammenhänge abbilden können, oder auch Kombinationen von Komponentenmodellen verschiedener Detailstufen.

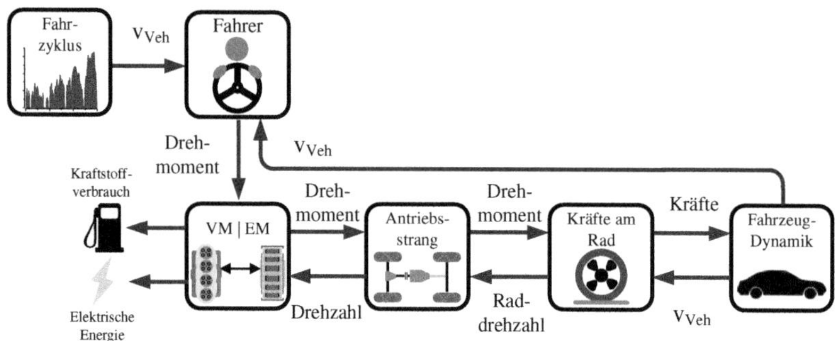

Abbildung 2.10: Informationsfluss einer Vorwärtssimulation

Nachteilig wirkt sich bei der dynamischen Simulation die hohe Rechenzeit aus. Mit steigender Komplexität der Modelle steigt auch der Rechenaufwand und führt somit zum Zielkonflikt zwischen einer hoher Modell- bzw. Ergebnisgüte und der Rechenzeit. Ebenso steigt mit der Modellkomplexität auch der Zeitaufwand für die Entwicklung und Abstimmung der Modelle.

So gilt es im Auslegungsprozess stetig zwischen notwendiger und geforderter Simulationsgüte abzuwägen.

2.5 Modellierung elektrifizierter Antriebsstränge

Bei der Auslegung eines hybriden Antriebsstrangs steigt die Komplexität unter anderem durch die gestiegene Zahl der Komponenten im Vergleich zum konventionellen Antriebsstrang. Während bisher meist Kraftstoff als chemischer Energiespeicher und der Verbrennungsmotor als Energiewandler eingesetzt wurden, kommen heute auch elektro-chemische Energiespeicher und elektrische Energiewandler in Form von Batterien und Elektromotoren zum Einsatz.

2.5.1 Fahrzeugmodell

Neben der Fahranforderung ist das Fahrzeug maßgebend für die notwendigen Leistungen zur Ausführung der geforderten Fahrzeuglängsbewegung. Wie in Kapitel 2.2 beschrieben, ist zur Ermittlung der auftretenden Kräfte die Kenntnis einiger Fahrzeugparameter notwendig.

- Fahrzeugmasse m
- dynamischer Radhalbmesser r_{dyn}
- Rollwiderstandsbeiwert f_R
- Luftwiderstandsbeiwert c_W
- Stirnfahrzeugfläche A_{Fx}

Für die Auslegung von Antriebssträngen werden häufig Fahrzeugmodelle oder -parameter anhand von Fahrzeugsegmenten definiert und anhand dieser eine Fahrzeugkonfiguration untersucht. Tabelle 2.4 zeigt beispielhafte Werte(-bereiche) für einige Fahrzeugsegmente.

Tabelle 2.4: Beispielhafte Ausführungen für Fahrzeugsegmente

Fahrzeugsegment	C Mittelklasse	E Oberklasse	J SUV
Fahrzeugmasse [kg]	1250 - 1600	1700 - 2000	1700 - 2400
Luftwiderstandsbeiwert [-]	0,28	0,27	0,35
Stirnfläche [m^2]	2,2	2,31	2,84

2.5.2 Fahranforderung

Die zu befahrende Fahranforderung definiert neben dem Fahrzeugmodell die zu überwindenden Kräfte und hält in erster Linie Eingang in die Fahrzeuglängsbewegung über den Luft-, Beschleunigungs- und Steigungswiderstand. Dabei ist das Fahrprofil über ein gegebenes Geschwindigkeitsprofil v_{Veh} über der Zeit t definiert. Hierbei handelt es sich meist um die Zertifizierungszyklen

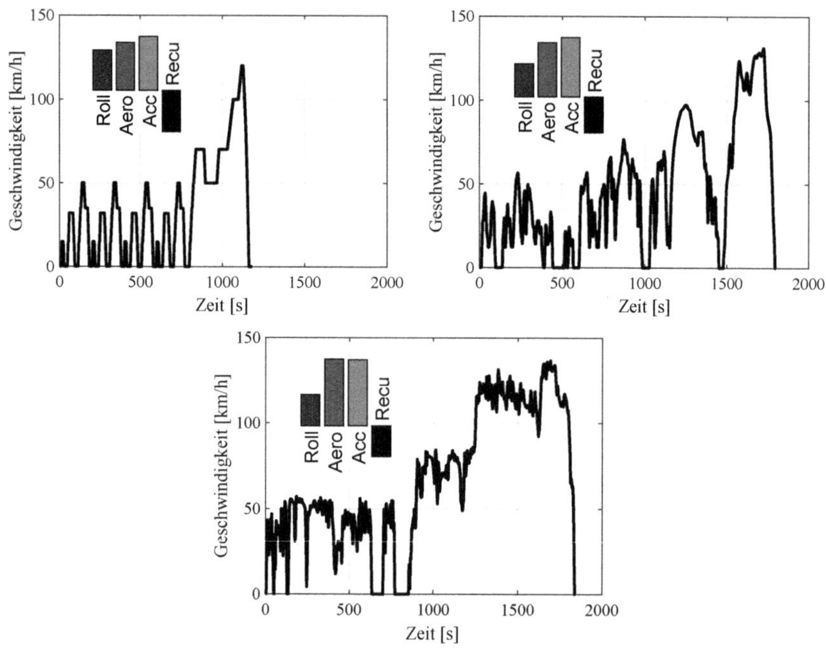

Abbildung 2.11: Geschwindigskeitsprofile von NEFZ-, WLTC- & RDE-Zertifizierungszyklen mit Anteilen notwendiger Energie zur Überwindung der Luft- und Rollwiderstände, sowie dem theoretisch erreichbaren Rekuperationspotential nach [55]

wie den NEFZ und WLTC, aber auch häufiger RDE-Zyklen, wie sie in Abb. 2.11 dargestellt sind.

Im Gegensatz zu den herkömmlichen Zertifizierungszyklen, die auf Rollenprüfständen gemessen werden, wird ein RDE-Zyklus im realen Straßenverkehr gefahren und besitzt damit unter anderem auch ein Höhenprofil. Bei der Auslegung von Antriebssträngen kann auch die Untersuchung von täglichen Pendelstrecken, beispielsweise aufgezeichneten Autobahnfahrten o.ä., hilfreich sein um einen Antriebsstrang den Anforderungen entsprechend zu optimieren. Das Fahrprofil kann neben dem Geschwindigkeitsvektor und dem Höhenprofil auch Daten über Aussentemperatur, Luftdruck und oder Sonneneinstrahlung beinhalten, um zum einen eine möglichst genaue Berechnung oder zum anderen thermische Untersuchungen zur Ermittlung des Leistungsbedarfs der Klimatisierung (HVAC) zu ermöglichen.

2.5.3 Fahrerregler

Während die quasistationäre Simulation keinen Fahrerregler benötigt, da hier zu jedem Zeitpunkt die Einhaltung der Soll-Geschwindigkeit vorausgesetzt wird, benötigt die dynamische Vorwärtssimulation auf Grund der Informationsflussrichtung ein Fahrermodell bzw. -regler. Das menschliche Fahrverhalten wird dabei üblicherweise über einen oder zwei PID-Regler abgebildet. Dieser berechnet eine Pedalwertstellung des Gas- oder Bremspedals anhand der Geschwindigkeitsdifferenz zwischen Soll- und Ist-Geschwindigkeit. Verschiedene Fahrertypen sind über die Faktoren P, I oder D einstellbar. Dies ermöglicht beispielsweise den Vergleich der Auswirkungen eines moderaten oder eines sportlichen Fahrstils auf den Verbrauch.

2.5.4 Verbrennungsmotor

Der Verbrennungsmotor ist eine Verbrennungskraftmaschine, die es ermöglicht, in Form von Kraftstoff chemisch gebundene Energie in mechanische Energie umzuwandeln. Der Kraftstoff weist dabei eine sehr hohe Energiedichte auf und begründet damit einen der entscheidenden Vorteile bezüglich des Einsatzes des Verbrennungsmotors im hybriden Antriebsstrang. Gleichzeitig ist der eingesetzte Motor jedoch für die Entstehung der lokalen Emissionen und den Kraftstoffverbrauch verantwortlich. Der Verbrennungsmotor wird vereinfacht über die Kurve des effektiven maximalen Drehmoments und dessen Wirkungsradkennfeld charakterisiert.

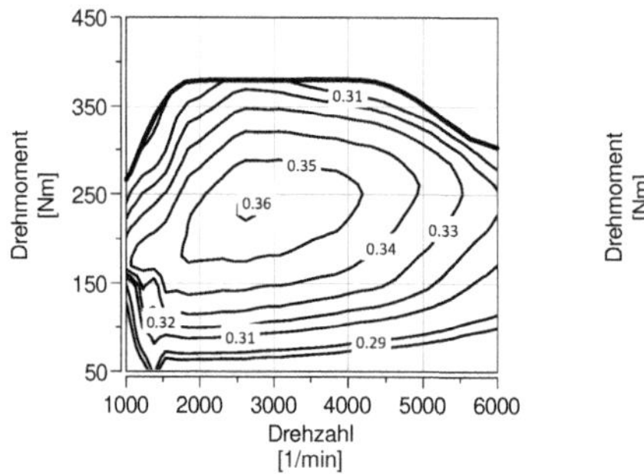

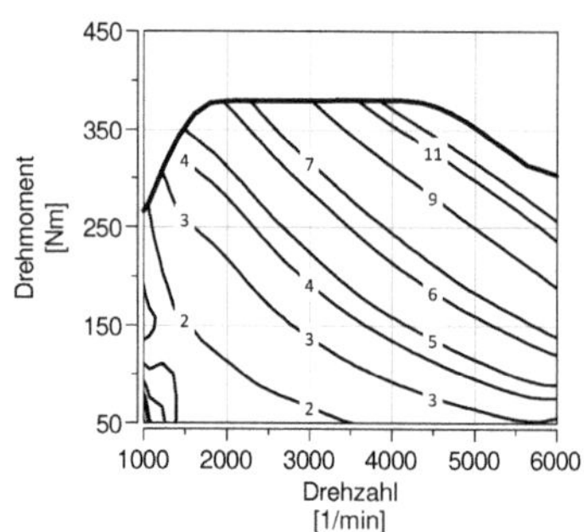

Abbildung 2.12: Wirkungsgradkennfeld (links) und Kraftstoffmassenstromkennfeld (rechte) eines Verbrennungsmotors

Der effektive Wirkungsgrad ist definiert als

$$\eta_e = \frac{P_e}{\dot{m}_{Krst} \cdot H_U}. \qquad \text{Gl. 2.9}$$

Alternativ wird häufig der spezifische Verbrauch $b_e = \dot{m}_B / P_e$ angegeben. Das effektive Drehmoment ist für einen 4-Takt-Motor über

$$M = \frac{\frac{1}{2} \cdot p_{me} \cdot V_H}{2\pi} \qquad \text{Gl. 2.10}$$

definiert und ergibt sich aus dem effektiven Mitteldruck und dem Hubvolumen des Motors. Damit ergibt sich die Effektive Leistung zu

$$P_e = \omega \cdot M = 2\pi \cdot n \cdot M \qquad \text{Gl. 2.11}$$

Im konventionellen Antriebsstrang stellt der Verbrennungsmotor den einzige Energiewandler dar und muss so ausgelegt werden, dass er die Fahranforderungen bestmöglich erfüllt. Wie aus Gl. 2.10 hervorgeht, wird ein hohes Drehmoment über eine Erhöhung des effektiven Mitteldrucks p_{me} oder ein hohes Hubvolumen V_H erzielt. Im Spannungsfeld der Emissionsreduzierung hat sich der Fokus bei der Entwicklung moderner Verbrennungsmotoren weg von der Leistungssteigerung der Motoren hin zu Maßnahmen zur Erhöhung der Effizienz und der Minimierung der Schadstoffemissionen verlagert. So werden beispielsweise alternative Brennverfahren entwickelt, mit Hilfe von Abgasturboladern das Hubvolumen bei gleichbleibender Leistung reduziert oder variable Verdichtungsverhältnisse eingesetzt. Im Mittelpunkt aktueller Entwicklungen stehen unter anderem das Kaltstartverhalten und die damit verbundene Aufheizung des Abgasnachbehandlungssystems sowie eine Steigerung des Wirkungsgrades im unteren Teillastbereich.

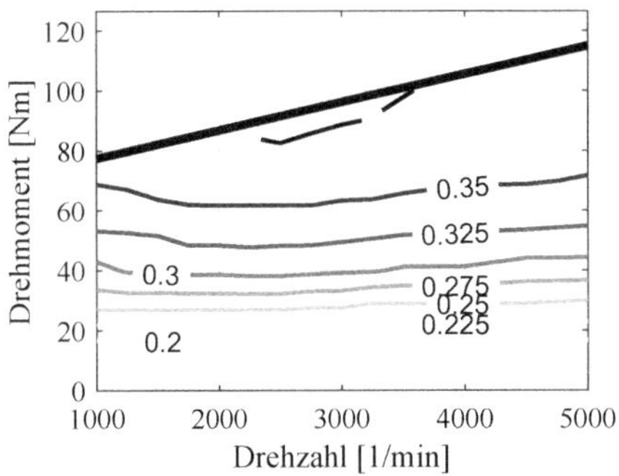

Abbildung 2.13: Wirkungsgradkennfeld des Toyota 1NZ-FXE nach [11]

Durch den Einsatz des Verbrennungsmotors im Hybridverbund ergeben sich neue Anforderungen an die Motoren und deren Entwicklung. Je nach Konfiguration des Hybrid-Konzepts, kann sich der Betriebsbereich des Verbrennungsmotors im Vergleich zum Einsatz im konventionellen Fahrzeug stark ändern. Dies reicht von einer rein elektrischen Abdeckung des niedrigen Lastbereichs bis zur Nutzung des Aggregats als reinen Range-Extender und der damit verbundenen Einstellung stationärer Betriebspunkte. Verbrennungsmotoren, die für den Betrieb in einem Hybrid-Verbund entwickelt wurden, werden als dedizierte Hybrid-Verbrennungsmotoren (im Folgenden dhICE) bezeichnet. Diese weisen sich meist durch eine verminderte maximale Leistung aus. Aufgrund der gestiegenen Anzahl der Komponenten im hybriden Antriebsstrang erhöht sich jedoch auch der Kostendruck bzgl. des Gesamtantriebsstrangs als auch der einzelnen Komponenten. Abbildung 2.13 zeigt das Wirkungsgrad-Kennfeld des dedizierten Verbrennungsmotors Toyota 1NZ-FXE, wie er im Toyota Prius II zum Einsatz kam. Als Bestandteil der Serie 1NZ besitzt dieser 1,5 l Hubraum und ein Kompressionsverhältnis ε von 13. Um den Motor für den Einsatz im leistungsverzweigten Triebstrang des Toyota Prius zu optimieren, wurde das

Kompressionsverhältnis über einen Atkinson Zyklus auf 9,5 reduziert. Wodurch einerseits die Leistung des Motors begrenzt, der effektive Wirkungsgrad jedoch gesteigert wird. Das Aggregat der Folgegeneration 2ZR-FXE (Prius III) wurde durch den Einsatz gekühlter AGR, um die Klopfgrenze zu erhöhen, oder durch den Einsatz einer elektrischen Kühlmittelpumpe weiter optimiert. [1] Die verschiedenen Hybridtopologien stellen dabei unterschiedliche Anforderungen an den Verbrennungsmotor. Während beispielsweise ein serieller Hybrid einen möglichst hohen Wirkungsgrad in einem sehr eingeschränkten Kennfeldbereich aufweisen sollte, kann ein hoher Wirkungsgrad über einen weiten Drehzahl- und Lastbereich für einen parallelen Hybrid von Vorteil sein. Dies richtet sich jedoch auch nach der Dimensionierung der elektrischen Antriebskomponenten.

2.5.5 Elektrische Maschine

Die elektrische Maschine stellt, ebenso wie der Verbrennungsmotor, einen Energiewandler dar. Im Gegensatz zum Verbrennungsmotor wandelt die E-Maschine jedoch elektrisch gespeicherte in mechanische Energie. Weiterhin kann mit Hilfe der E-Maschine mechanische in elektrische Energie umgewandelt werden - hierbei wird von einem generatorischen Betrieb gesprochen. Beide Richtungen des Wandlungsprozesses sind verlustbehaftet und abhängig von verschiedenen Parametern. Diese Wandlungsverluste werden vereinfacht durch Wirkungsgrad- oder Verlustkennfelder abgebildet, wie es beispielhaft in Abbildung 2.14 dargestellt ist. Dieses stellt die auftretenden Wirkungsgrade in Abhängigkeit des an der Welle anliegenden Drehmoments bzw. der anliegenden Drehzahl dar.

Bei der Wandlung elektrischer Energie in mechanische ist der Wirkungsgrad der E-Maschine wie folgt definiert:

$$\eta_{Edr} = \frac{P_{mech}}{P_{elek}} = \frac{M \cdot \omega}{U \cdot I}. \qquad \text{Gl. 2.12}$$

Für die Wandlung von mechanischer in elektrische Energie gilt:

$$\eta_{Edr} = \frac{P_{elek}}{P_{mech}} = \frac{U \cdot I}{M \cdot \omega}. \qquad \text{Gl. 2.13}$$

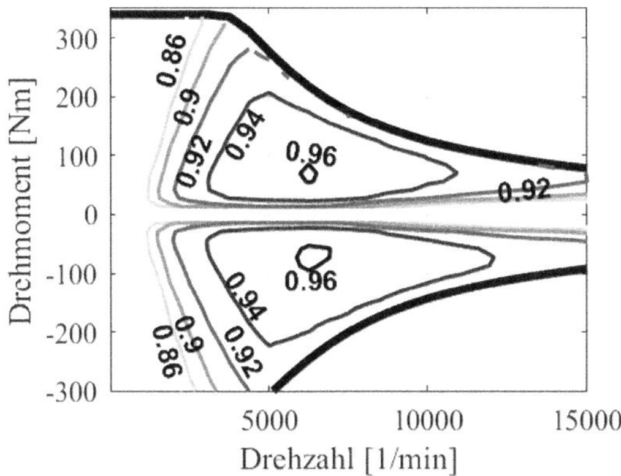

Abbildung 2.14: Wirkungsgradkennfeld einer PSM

Bzw. als Verlustleistung abhängig von der anliegenden mechanischen Leistung definiert:

$$P_V = P_{mech} \cdot (1 - \eta_{Edr}) \qquad \text{Gl. 2.14}$$

Somit gilt für den motorischen Betrieb

$$P_{mech} = P_{elek} - P_V \qquad \text{Gl. 2.15}$$

und den generatorischen Betrieb

$$P_{elek} = P_{mech} - P_V. \qquad \text{Gl. 2.16}$$

Wie an Abbildung 2.14 zu erkennen ist, findet die Energiewandlung bei elektrischen Maschinen bei vergleichsweise hohen Wirkungsgraden statt. Die dabei auftretenden Verluste werden in zwei Arten unterteilt:

- Leerlaufverluste
- Lastverluste

Zu den Leerlaufverlusten zählen die Eisenverluste, die durch Ummagnetisierung im aktiven Eisen entstehen, die mechanischen Reibungsverluste in Luftspalt, Lagern oder Bürsten oder auch die Erregerverluste. Diese sind weitestgehend von der Last unabhängig. Die lastabhängigen Verluste sind primär stromabhängig. Diese treten unter der Stromlast in Form von Wärme in den Wicklungen von Stator und Rotor oder in Form von Übergangsverlusten an den Klemmen oder Bürsten auf. [66] Die Verlustteilung einer elektrischen Maschine ist in Abbildung 2.15 schematisch dargestellt.

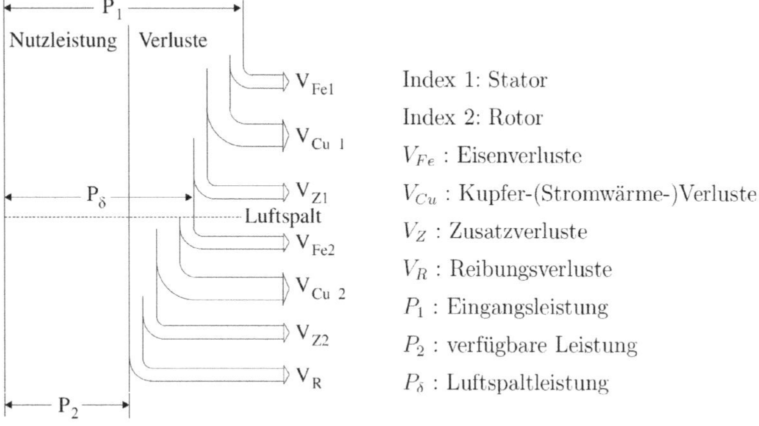

Abbildung 2.15: Leistungsfluss durch eine elektrische Maschine und deren Verlustteilung [66]

Abbildung 2.16 zeigt die möglichen Betriebsbereiche einer elektrischen Maschine. Der sogenannte Vier-Quadranten-Betrieb beschreibt die Möglichkeit, die elektrische Maschine sowohl vorwärts- als auch rückwärtsdrehend im generatorischen oder motorischen Betrieb zu verwenden.

Im Rahmen der Längsdynamik Simulation ist hierbei in den meisten Fällen lediglich der positive Drehzahlbereich von Relevanz. Eine Ausnahme stellt u.a. die E-Maschine 2 des leistungsverzweigten Hybrid dar. Diese kann auch im Vortriebsfall mit einer negativen Drehzahl betrieben werden. Im Nennbereich kann die Maschine dauerhaft ohne thermische oder mechanische Überlastung betrieben werden. Die Kurve maximalen Drehmoments stellt für die elektrische Maschine einen Überlastfall dar. Das Überlastmoment kann nur zeitweise für kurze Zeit bereitgestellt werden. Durch die Wicklungstemperatur und die mechanische Festigkeit der Maschine ist die Dauer der möglichen Überbelastung zeitlich begrenzt. Wird die Maschine darüber hinaus im Überlastbereich betrieben, kann dies durch zu hohe Ströme zu irreversiblen thermischen oder

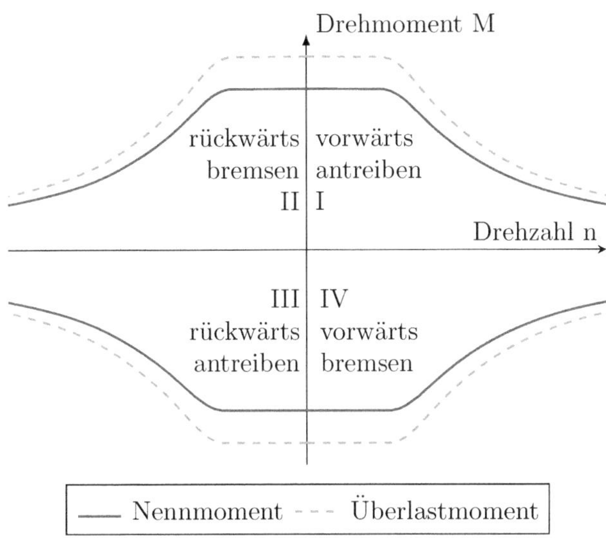

Abbildung 2.16: Vier Quadranten einer elektrischen Maschine nach [79]

mechanischen Schäden führen. Jedoch kann durch geschickte Ausnutzung der Überlastfähigkeit die elektrische Maschine so ausgelegt werden, dass diese die durchschnittliche Lastanforderung innerhalb ihres Nennbereichs abdeckt. Lastspitzen oder kurzzeitig auftretende Überlasten können dann mit Hilfe der Überlastfähigkeit abgedeckt werden. [32]

2.5.6 Getriebe

Die Antriebsaggregate im Kraftfahrzeug sind bzgl. ihres Drehzahlbereichs begrenzt und deren maximales Drehmoment steht nur in gewissen Bereichen zur Verfügung. Getriebe helfen dabei Drehmoment und Drehzahl so zu wandeln, dass dies dem Zugkraftbedarf des Fahrzeugs entspricht. Neben Anfahrelementen, wie z.B. einer Kupplung, wird zur Beschleunigung eines Fahrzeugs aus dem Stand eine hohe Zugkraft benötigt. Eine entsprechende Übersetzung zur Anpassung des Drehmoments bei kleinen Fahrzeuggeschwindigkeiten ist notwendig. Weiterhin kann durch die Wahl geeigneter Übersetzungen der Verbrauch des Verbrennungsmotors optimiert werden. [60]

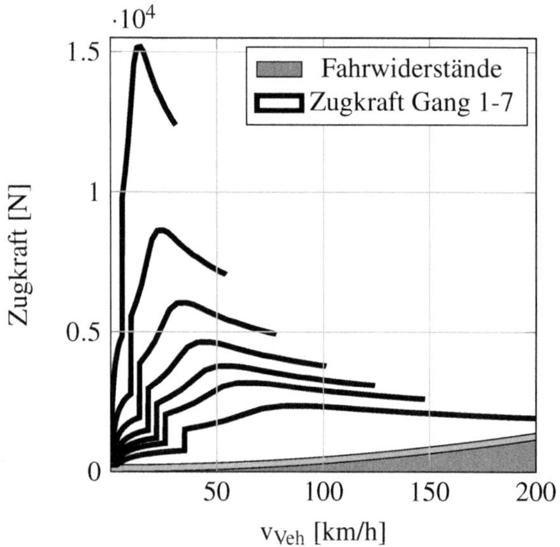

Abbildung 2.17: Resultierendes Zugkraftdiagramm eines P2-Hybrids mit 30 kW E-Maschine und 7-Gang-Stufengetriebe

Auch im elektrifizierten Antriebsstrang übernimmt das Getriebe eine zentrale Rolle. Da beispielsweise in einem P2-Hybrid der Verbrennungsmotor und die E-Maschine auf Kurbelwellenebene das identische Drehzahlniveau aufweisen, muss die Drehzahl wie in Abbildung 2.17 dargestellt, gewandelt werden.

Die Übersetzung eines Getriebes ist das Verhältnis der Winkelgeschwindigkeiten an Ein- und Ausgangswelle.

$$i_{Tra} = \frac{\omega_{Pri}}{\omega_{Sek}} = \frac{n_{Pri}}{n_{Sek}} \qquad \text{Gl. 2.17}$$

Ist $i_{Tra} > 0$ drehen Ein- und Ausgangswelle in die selbe Richtung. Bei einem Wechsel der Drehrichtung ist i_{Tra} als negativ definiert. Eine Übersetzung mit $|i_{Tra}| > 1$, stellt eine Übersetzung ins Langsame dar. Ist $|i_{Tra}| < 1$ handelt es sich um eine Übersetzung ins Schnelle.

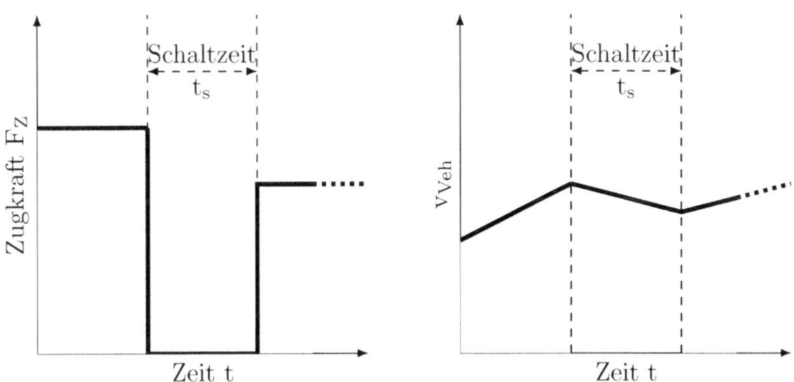

Abbildung 2.18: Zugkraftverlauf und resultierende Fahrzeuggeschwindigkeit für einen Schaltvorgang mit der Schaltzeit t_s für ein zugkraftunterbrochenes Hochschalten nach [53]

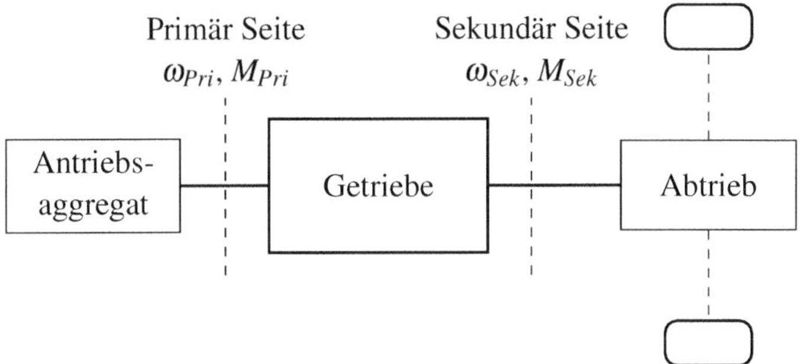

Abbildung 2.19: Definition von Primär und Sekundär Seite

Aus Gleichung Gl. 2.17 folgt,

$$\omega_{Sek} = \frac{\omega_{Pri}}{i_{Tra}}. \qquad \text{Gl. 2.18}$$

Bei der Wandlung von Drehzahl und Drehmoment entspricht die Ausgangsleistung der Eingangsleistung verringert um die auftretenden Verluste. In Form von leistungsunabhängigen Verlusten treten dabei Reibung, Ölplanschen oder

Schleppverluste offener Schaltelemente auf. Verzahnngsverluste oder Lagerverluste weisen eine Abhängigkeit gegenüber der Last auf. [61]

$$P_{Sek} = P_{Pri} - P_V \qquad \text{Gl. 2.19}$$

Die auftretenden Verluste bewirken somit eine Verringerung des gewandelten Drehmoments an der Ausgangswelle. Unter Berücksichtigung der Verluste mit Hilfe des Wirkungsgrads η_{Tra} folgt,

$$M_{Sek} = \begin{cases} \frac{\eta_{Tra}}{i_{Tra}} \cdot M_{Pri} & \text{für } P_{Pri} \geq 0 \\ \frac{1}{\eta_{Tra} \cdot i_{Tra}} \cdot M_{Pri} & \text{für } P_{Pri} < 0 \end{cases} \qquad \text{Gl. 2.20}$$

und damit

$$P_V = \begin{cases} \omega_{Pri} \cdot M_{Pri} \cdot (1 - \eta_{Tra}) & \text{für } P_{Pri} \geq 0 \\ \omega_{Sek} \cdot M_{Sek} \cdot (1 - \eta_{Tra}) & \text{für } P_{Pri} < 0 \end{cases} \qquad \text{Gl. 2.21}$$

2.5.7 Energiespeicher

Auf Grund der hohen Anforderung an Energiespeicher beim Einsatz im Kraftfahrzeug ist die Wahl an möglichen Formen der Energiespeicherung im Pkw-Bereich stark eingeschränkt. Neben den konventionellen chemischen Energiespeichern, wie Benzin und Diesel, oder dem mechanischen Schwungrad kamen in den letzten Jahren auch häufiger Methan oder Wasserstoff zum Einsatz. Durch die Elektrifizierung des Verkehrssektors finden zunehmend chemisch-elektrische, wie beispielsweise die Lithium-Ionen Batterien sowie vereinzelt elektro-statische Energiespeicher wie Superkondensatoren ihren Einsatz. Im Rahmen dieser Arbeit werden die chemischen Kraftstoffe nicht weiter ausgeführt. An dieser Stelle sei auf entsprechende Fachliteratur verwiesen. [8] Elektrochemische Energiespeicher bieten den großen Vorteil der Reversibilität des Speicherprozesses. Unter anderem deshalb werden diese in hybriden Antriebskonfigurationen als sekundäres Speichersystem, neben dem Kraftstofftank, aber auch als einziges Speichersystem in batterieelektrischen Fahrzeugen eingesetzt. Da sich die Anforderungen an das Speichersystem je nach Einsatzzweck stark unterscheiden, werden verschiedene Zellarten entwickelt und verbaut. Im Folgenden werden einige wichtige Batterie-Parameter erläutert.

Nennspannung U_N Die Nennspannung einer Zelle leitet sich aus der Paarung der Elektrodenmaterialien ab. Die Nennspannung einer Batterie ergibt sich aus dem Produkt der Zahl in Serie geschalteter Zellen.

Leerlaufspannung U_{OVC} Die Leerlaufspannung entspricht der messbaren Spannung im unbelasteten Zustand der Zelle/Batterie.

Kapazität C_N Die (Nenn-) Kapazität C_N einer Zelle bezeichnet deren enthaltene elektrische Ladungsmenge bei Nennbedingungen. Diese ist stark abhängig von den Entladebedingungen.

C-Rate Die C-Rate beschreibt den auf die Kapazität bezogenen Entlade- oder Ladestrom. Eine C-Rate von 1 entspricht somit einer Entladung einer Batterie in einer Stunde.

Ladezustand SOC Der Ladezustand der Batterie ist definiert als die Ladungsmenge zum Zeitpunkt t bezogen auf die tatsächliche Kapazität der Batterie.

$$SOC(t) = \frac{Q(t)}{Q_N} \qquad \text{Gl. 2.22}$$

Entladetiefe DOD Die Entladetiefe (depth of discharge) gibt den Entladegrad der Batterie bezogen auf die Nennkapazität wieder.

Innenwiderstand R_i Der Innenwiderstand spiegelt die zwischen Nennspannung und Klemmspannung herrschende Differenz ab.

$$R_i = \frac{U_N - U_K}{I_K} \qquad \text{Gl. 2.23}$$

Spezifische Energie Der Energieinhalt einer Batterie ist das Produkt aus der Kapazität C und der mittleren Entladespannung. Die spezifische Energie ist die auf die Masse bezogene Energie.

Die Auslegung der Batterie für HEV oder BEV erfolgt anhand einiger wichtiger Parameter. Einen dieser Auslegungsparameter stellt die Spannungslage dar. Bei hohen angeforderten Leistungen muss eine entsprechende Batteriespannung

Tabelle 2.5: Vergleich Hochenergiezellen und Hochleistungszellen nach [37]

	Hochenergiezelle	Hochleistungszelle	Einheit
Leistungsdichte	200-400	> 2000	$\mathrm{W\,kg^{-1}}$
Energiedichte	120-200	70-100	$\mathrm{Wh\,kg^{-1}}$
Wirkungsgrad	95	90	%
Lebensdauer	1500 - 5000 äquivalente Vollzyklen	100000 Mikro-Zyklen	-

bereit gestellt werden, um die maximalen Ströme zu reduzieren und somit die Ohm'schen Verluste gering zu halten. Ein weiterer wichtiger Parameter ist die Kapazität der Batterie. Diese sollte abhängig von der nutzbaren Energiemenge und der erlaubten Zyklentiefe gewählt werden. Weiterhin muss die Batterie die auftretenden elektrischen Fahrleistungen in der entsprechenden Konfiguration bewerkstelligen können. Aktuell werden in HEV- und BEV-Anwendungen hauptsächlich Lithium-Ionen-Batterien, wie sie in Tabelle 2.5 gelistet sind, eingesetzt. Beim Einsatz in einem BEV werden Hochenergiezellen eingesetzt, während in HEV hauptsächlich Hochleistungszellen Anwendung finden. Hochleistungszellen weisen sich durch eine hohe Leistungsdichte aus und können mit Lade- oder Entladebelastungen von 20-30 C betrieben werden. Elektrofahrzeuge hingegen benötigen eine hohe Energiedichte bei geringen Belastungen von 3 C. [37]

Die Modellierung von Batterien basiert meist auf deren Ersatzschaltbildern. Abbildung 2.20 zeigt das Ersatzschaltbild einer idealen Spannungsquelle U_0 mit einem Innenwiderstand R_i, in der Literatur oft als Rint-Modell bezeichnet. Für dieses berechnet sich die Klemmspannung nach Gl. 2.24. Diese ist dementsprechend um die am Innenwiederstand abfallende Spannung verringert. Der Innenwiderstand R_i bildet dabei die innerhalb der Batterie anfallenden Verluste ab. Das Modell bietet den Vorteil einer relativ hohen Genauigkeit bzgl. der energetischen Bilanzierung und einer einfachen Parametrierbarkeit, ist jedoch nicht zur Modellierung dynamischer Effekte geeignet. [20] [27]

$$U_K = U_0 - U_i = U_0 - R_i \cdot I \qquad \text{Gl. 2.24}$$

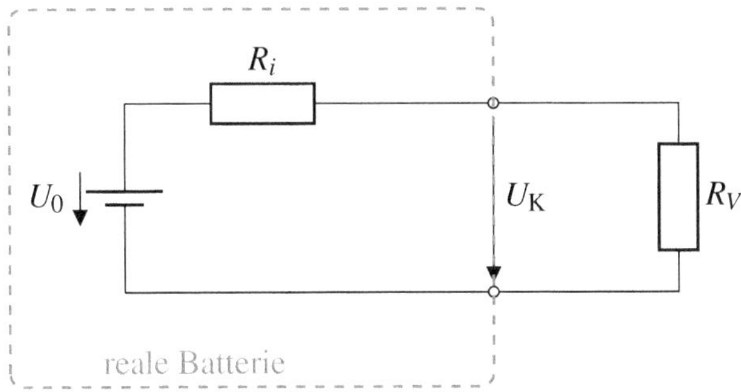

Abbildung 2.20: Ersatzschaltbild einer realen Batterie, bestehend aus einer idealen Spannungsquelle und einem Innenwiderstand

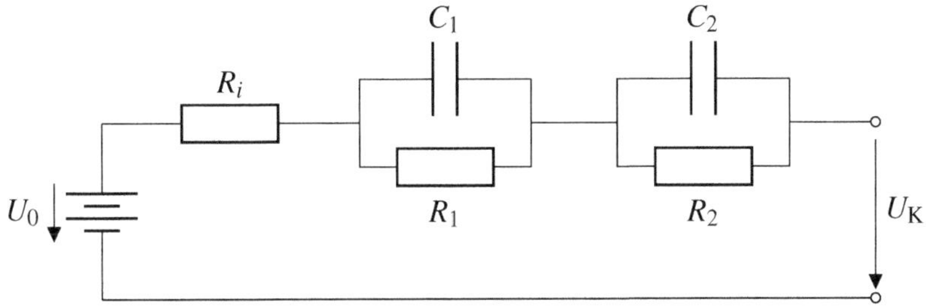

Abbildung 2.21: Ersatzschaltbildbasiertes Batteriemodell zweiter Ordnung

Abbildung 2.21 zeigt ein Batteriemodell zweiter Ordnung. Dieses besitzt zwei RC-Glieder, bestehend aus einem Ohm'schen Widerstand und einer Kapazität, und ist damit in der Lage, das dynamische Verhalten einer Batterie abzubilden. Die Sprungantwort des Batteriemodells setzt sich aus einem konstanten Sprung durch den Innenwiderstand und ein exponentielles Verhalten aufgrund der RC-Glieder zusammen. Bereits mit einem bzw. zwei RC-Gliedern ist die Genauigkeit des Batteriemodells bzgl. einer energetischen Bilanzierung sehr hoch. Auf Grund der erhöhten Komplexität steigt jedoch auch der Rechenaufwand für ein solches Modell. Beide Ansätze bieten, je nach Anforderung, eine ausreichende Genauigkeit für den Einsatz in der Hybrid-Simulation, eignen sich aber nur bedingt für weitergehende Untersuchungen des dynamischen Batterieverhaltens. [15]

$$SoC(t) = SoC(t-1) + \frac{I(t)}{Q_N} \cdot \Delta t \qquad \text{Gl. 2.25}$$

Für beide Batteriemodelle wird der Ladungszustand über eine Ladungsbilanzierung bestimmt. Das sogenannte *Coulomb-Counting* integriert dabei die auftretenden Ströme über der Zeit nach Gl. 2.25.

2.6 Betriebsstrategien

Neben der Dimensionierung der einzelnen Komponenten im elektrifizierten Antriebsstrang ist auch die Betriebsstragie ein grundlegender Bestandteil zur Ermittlung möglicher (Kraftstoffreduzierungs-)Potentiale.

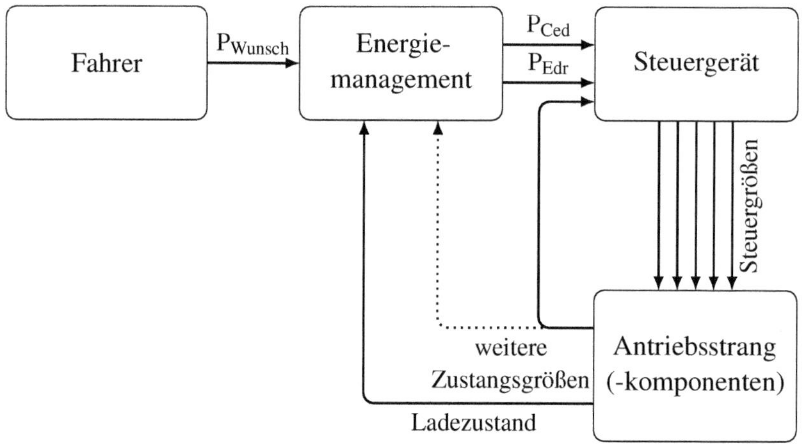

Abbildung 2.22: Energiemanagement im elektrifizierten Antriebssystem [55]

Diese übernimmt, wie in Abbildung 2.22 dargestellt, die Koordination der Aggregate im System und setzt die Erfüllung des Fahrerwunsches um. Abhängig von der eingesetzten Topologie ergeben sich Freiheitsgrade, die es ermöglichen, unter Berücksichtigung der physikalischen Komponentengrenzen, den Fahrerwunsch über eine Verteilung der Leistungsanforderungen zwischen den jeweiligen (Antriebs-)Komponenten zu erfüllen. Das Energiemanagement nutzt den Ladezustand der Batterie als Führungsgröße und optimiert abhängig von diesem die Betriebspunkte der Komponenten.

2.6.1 Systematik

Zur Umsetzung der Koordination der durch den Fahrer angeforderten Leistung zwischen den Antriebsaggregaten bei gleichzeitiger Minimierung des Kraftstoffverbrauchs und/oder verschiedener Emissionen, existieren zwei übergeordnete Verfahrensweisen. Die übergeordnete Unterteilung in regelbasierte und optimierungsbasierte Betriebsstrategien. Zentraler Aspekt aller Betriebsstrategien ist das Energiemanagement.

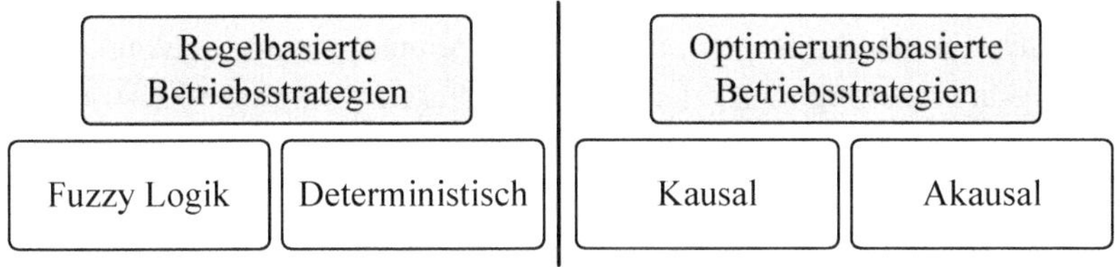

Abbildung 2.23: Klassifizierung der Betriebsstrategien nach [65]

Eine weitere Unterteilung der Betriebsstragien erfolgt, nach Abbildung 2.23, in Fuzzy Logik, deterministische Ansätze oder in kausale und akausale Betriebsstragien. Im Folgenden werden die verschiedenen Optimierungsansätze anhand der Minimierung des Kraftstoffeinsatzes erläutert. Das Optimierungsproblem kann jedoch beliebig umformuliert oder erweitert werden. So können bspw. bestimmte Schadstoff-Emissionen oder auch Kennwerte wie der Energieumsatz in der Batterie optimiert/minimiert werden.

2.6.2 Regelbasierte Betriebsstrategien

Das Energiemanagement regelbasierter Betriebsstrategien folgt einfachen festgelegten Regeln, die aus abgeleiteten Heuristiken, Erfahrungswerten oder auch mathematischen Modellen folgen. Dabei ist keine a priori Kenntnis der Fahr anforderung bspw. des Zyklus notwendig, da die Betriebsstrategie immer zum entsprechenden Zeitpunkt anhand der definierten Regeln die einzustellenden Betriebspunkte festlegt. Ein großer Vorteil regelbasierter Betriebsstrategien ist deren Echtzeitfähigkeit.

Deterministische Ansätze setzen sich meist mit der Fragestellung des Energieflusses im Hybrid-Fahrzeug auseinander und wie dieser im Betrieb optimal zu lenken ist. So geht meist die Kenntnis der Wirkungsgradkennfelder von Verbrennungsmotor oder auch der E-Maschine in die Entwicklung des Energiemanagements ein und werden meist in Form von Kennfeldern oder -linien im Steuergerät implementiert, um eine Entscheidungsfindung im Betrieb von diesen abhängig machen zu können. Ein einfaches Beispiel für deterministische Betriebsstrategien ist eine „Thermostat"-Steuerung bei der, abhängig vom momentanen Ladezustand, der Verbrennungsmotor an bzw. ausgeschaltet wird, um die Batterie im Folgenden entsprechend zu laden oder entladen. Erweiterte Ansätze beinhalten Regeln, die den Verbrennungsmotor abhängig von der Leistungsanforderung einsetzten oder über diesen zusätzliche Leistung bereitstellen, wenn der Ladezustand der Batterie einen unteren Grenzwert erreicht. Die deterministischen Betriebsstrategien reichen bis zu Umsetzungen mittels Zustandsautomat. Dieser entscheidet u.a. abhängig von einer Änderung des Fahrerwunsches oder den Fahrbedingungen bspw. zwischen den Zuständen rein verbrennungsmotorischem Vortrieb, Boosten, Laden oder rein elektrischem Vortrieb. Dabei definiert der Zustandsautomat die Zustände der Aggregate oder auch der anzusteuernden Kupplungen für einen effizienten Betrieb des Fahrzeugs. [59]

Um die Nachteile einer deterministischen Entscheidungsfindung zu entschärfen, werden Betriebsstrategien basierend auf Fuzzy-Logik entwickelt. Diese haben den Vorteil z.B. robuster gegenüber Messungenauigkeiten zu sein und einfacher applizier- und adaptierbar zu sein. [65] [35] Ein gemeinsamer Nachteil der regelbasierten Betriebsstrategie ist, dass eine Parametrierung meinst nur für eine spezifische Antriebsstrangkonfiguration gültig ist bzw. nur für diese optimierte Verbrauchswerte erzielt. Mit zunehmender Komplexität der Betriebsstrategie steigen auch der Applikationsaufwand und die Wechselwirkungen der verschiedenen Parameter. Weiterhin ist nur eine Annäherung an das Optimum möglich.

2.6.3 Optimierungsbasierte Betriebsstrategien

Die optimierungsbasierten Betriebsstrategien bauen auf dem Modell eines Systems auf. Dieses kann das Systemverhalten in unterschiedlichen Detaillierungsgraden abbilden und stellt somit den Zusammenhang zwischen Ansteuerung und Antwort des Systems dar. Bei der Umsetzung der Betriebsstrategie wird das Modell genutzt, um eine definierte Kostenfunktion zu minimieren. Dabei unterscheiden sich grundlegend zwei Verfahren nach Art der Lösung des Optimalsteuerungproblems. Numerische Lösungsverfahren sind in der Lage, das globale Optimum zu identifizieren. Auf Grund der Rechenintensivität der Verfahren sind diese jedoch meist nicht echtzeitfähig. Dennoch werden sie häufig als Referenzwert in Form eines Benchmarks herangezogen oder zur Ableitung heuristischer Regeln zur online Bedatung verwendet. Eine weitere Variante der Lösungsverfahren des Optimalsteuerungsproblems sind analytische Verfahren. Dabei handelt es sich um kausale System, die ein lokales Optimum berechnen. [80]

2.6.4 Optimalsteuerungsaufgabe

Neben der Erfüllung des Fahrerwunsches soll die Betriebsstrategie auch der Forderung nach Optimalität entsprechen. Um eine optimale Steuerungstrajektorie identifizieren und bewerten zu können, wird ein Lagrangsches Gütemaß J definiert und minimiert. Werden lediglich die CO_2-Werte optimiert, lässt sich das Gütemaß als

$$J = \int_{t_0}^{t_{end}} H_u \cdot \dot{m}_{Krst}(u(t),t)\, dt \qquad \text{Gl. 2.26}$$

darstellen. Die Aufgabe der Betriebsstrategie ist es, einen Steuergrößenvektor $u(t)$, unter Berücksichtigung der Neben- (Gl. 2.28, Gl. 2.29) und Randbedingungen (Gl. 2.30), zu finden, so dass J minimiert wird:

$$u(t) = arg \min J(u(t),t)\, \forall t \in [t_0, t_{end}] \qquad \text{Gl. 2.27}$$

$$u_{min}(t) < u(t) < u_{max}(t) \qquad \text{Gl. 2.28}$$

$$x_{min} < x(t) < x_{max} \qquad \text{Gl. 2.29}$$

$$SoC(t_{end}) - SoC_{target} = \Delta x = 0. \qquad \text{Gl. 2.30}$$

Neben den globalen Einschränkungen Gl. 2.28 bis Gl. 2.28 werden auch lokale Einschränkungen formuliert.

$$\begin{aligned}
M_{Edr,min} &<= M_{Edr}(t) &&<= M_{Edr,max}\\
n_{Edr,min} &<= n_{Edr}(t) &&<= n_{Edr,max}\\
M_{Ced,min} &<= M_{Ced}(t) &&<= M_{Ced,max}\\
n_{Ced,min} &<= n_{Ced}(t) &&<= n_{Ced,max}\\
M_{xx,min} &<= M_{xx}(t) &&<= M_{xx,max}\\
n_{xx,min} &<= n_{xx}(t) &&<= n_{xx,max}\\
P_{Bat,min} &<= P_{Bat}(t) &&<= P_{Bat,max}\\
SoC_{min} &<= SoC(t) &&<= SoC_{max}
\end{aligned} \qquad \text{Gl. 2.31}$$

Die Formulierung der lokalen Einschränkungen der Zustands- und Regelgrößen ist notwendig, um beispielsweise den SOC der Batterie in einem zulässigen Betriebsbereich zu betreiben und die Lade- oder Entladegrenze nicht zu über- oder unterschreiten. Gleichermaßen werden die Betriebsgrenzen der weiteren Komponenten definiert. Für den Verbrennungsmotor und die E-Maschinen werden diese in Form von Drehzahl- und Drehmomentgrenzen oder -bereiche formuliert.

Werden neben dem Verbrauch z.B. Emissionen, thermische Grenzen oder Batteriealterung in die Optimierungsaufgabe aufgenommen, wird das Gütemaß J über die allgemeine Kostenfunktion $L(\cdot)$ formuliert.

$$J = \int_{t_0}^{t_{end}} L(x(t), u(t), t)dt \qquad \text{Gl. 2.32}$$

$$\dot{x} = f(x(t), u(t), t) \qquad \text{Gl. 2.33}$$

Gl. 2.33 beschreibt die Systemdynamik mit $x(t) = SoC(t)$ und $u(t) = P_{Bat}(t)$.

Durch die Erweiterung mit Hilfe einer beliebigen Funktion $\phi(x(t_{end}))$ mit dem Zielzustand $x(t_{end})$, kann bspw. mit Hilfe eines Strafterms, unter der Verwendung des Ladezustands als Zustandsgröße $x(t) = SoC(t)$, die harte Bedingung

Gl. 2.30 des *'charge sustaining'* Modus aufgeweicht werden. So dass der Ladezustand der Batterie am Ende der Fahranforderung nicht notwendigerweise identisch mit dem Ladezustand zu Beginn der Aufgabe sein muss. Dieser wird im Allgemeinen als eine Funktion der Differenz $x(t_{end}) - x(t_0)$ umgesetzt. Für weitere Ansätze sei auf [55] verwiesen. Hierdurch ergibt sich die allgemeine Definition zu

$$J = \phi(x(t_{end})) + \int_{t_0}^{t_{end}} L(x(t), u(t), t)dt. \qquad \text{Gl. 2.34}$$

2.6.5 Dynamic Programming

Unter Anwendung des Optimalitätsprinzips nach Bellman kann das globale Optimum eines definierten Optimalsteuerungsproblems aufgefunden werden [9].

> „Eine optimale Entscheidungsfolge hat die Eigenschaft, dass, wie auch immer der Anfangszustand war und die erste Entscheidung ausfiel, die verbleibenden Entscheidungen eine optimale Entscheidungsfolge bilden müssen, bezogen auf den Zustand, der aus der ersten Entscheidung resultiert."
>
> – Richard Bellman, 1957

Dieses besagt, dass die optimale Lösung einer mehrstufigen Entscheidungsfindung aus deren optimalen Teillösungen besteht. Ist eine Teillösung nicht optimal und kann durch eine optimale Teillösung ersetzt werden, ist auch die entsprechende Gesamtlösung besser. [62] Zur Lösung der Optimalsteuerungsaufgabe unter Verwendung des Dynamic Programmings wird die Kostenfunktion aus Gl. 2.34 in eine zeit-diskrete Darstellung überführt.

$$J(x_0, u) = L_N(x_N) + \sum_{k=1}^{N-1} L_k(x_k, u_k) \qquad \text{Gl. 2.35}$$

Ebenso nehmen die Zustandsgröße x und die Steuerungsvariable u diskrete Werte an.

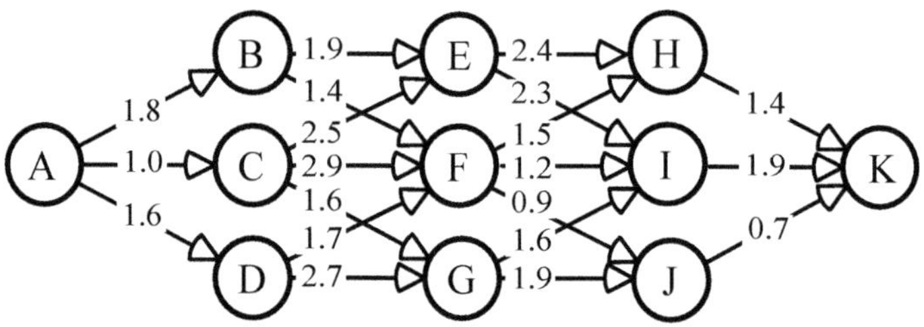

Abbildung 2.24: Einfaches Beispiel für ein Optimalsteuerungsproblem

Abbildung 2.24 zeigt ein beispielhaftes Optimalsteuerrungsproblem. Die Knoten repräsentieren dabei Zustandsgrößen, die Kanten stellen Zustandsänderungen durch die Wahl der Steuergröße u dar, die jeweils mit Kosten verbunden sind. Zur Lösungs des Optimalsteuerungsproblems wird in der dynamischen Programmierung zunächst eine *cost-to-go* Matrix berechnet. Im dargestellten Beispiel aus Abbildung 2.24 bedeutet dies, dass zunächst die Kosten zur Erreichung des Knoten K von den Knoten H, I und J berechnet werden. In einem nächsten Schritt werden jeweils die Kosten für die Zustandsänderungen von E, F und G zu den Knoten H, I und J berechnet. Diese Schritte werden für die verbleibenden Ebenen wiederholt, bis der Ausgangspunkt A erreicht ist.

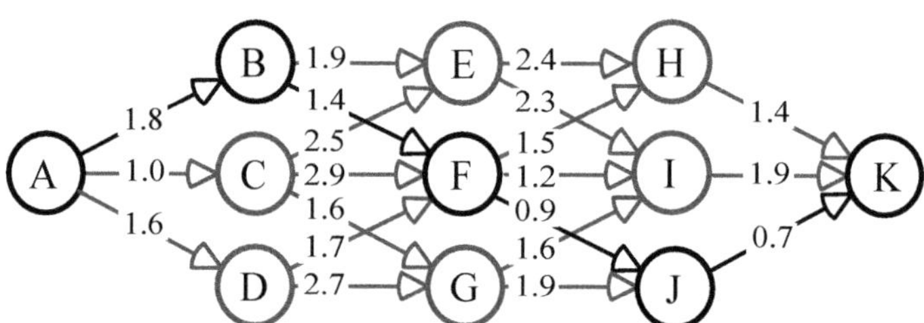

Abbildung 2.25: Lösung des Optimalsteuerungsproblems mit Hilfe des Dynamic Programmings

Bei der Berechnung der cost-to-go-Matrix macht sich das Dynamic Programming Bellmans' Optimalitätsprinzip zu Nutze. Werden beispielsweise die Kosten der Ebene BCD berechnet, genügt es nach Bellman, die Kosten der Knoten E,F und G zu den Knoten B, C und D zu berechnen. Für die Knoten E, F und G werden nur diejenigen vorausgehenden Wege gespeichert, die mit den geringsten Kosten verbunden sind. So dass zu jedem Knoten der Ebene nur eine optimale Teillösung vorliegt. Dieses muss zwangsläufig Teil des globalen Optimums sein, falls dieses durch den entsprechenden Knoten führt. Für das in Abb. 2.24 dagestellte Problem ergibt sich die global optimale Lösung zu A – B – F – J – K (vgl. Abb. 2.25). Die Anwendung des bellmanschen Optimalitätsprinzip bietet somit einen entscheidenen Vorteil gegenüber einem reinen *brute-force*-Verfahrens, das alle möglichen Trajektorien t

$$t = x^{n-1} \qquad \text{Gl. 2.36}$$

berechnet. Dabei ist x als Anzahl der möglichen Zustände und n als Anzahl der Ebenen oder Zeitschritte definiert. Durch Speicherung und Betrachtung der lediglich optimalen Teillösungen kann die Anzahl an zu treffenden Entscheidungen auf

$$d = x^2 \cdot (n-3) + 2 \cdot x \qquad \text{Gl. 2.37}$$

reduziert werden. Für ein beispielhaftes Optimierungsproblem mit $x = 10$ und $n = 50$, würde das brute-force-Verfahren zu 10^{49} Berechnungsschritten führen. Während die dynamische Programmierung bei gleicher Problemstellung nur 4720 Berechnung benötigt. [8]

Trotz der starken Reduzierung der Anzahl an notwendigen Rechenoperationen der dynamischen Programmierung im Vergleich zum *brute force*-Verfahren, ist der Rechenaufwand dennoch als hoch einzustufen. Weshalb diese meist offline mit einer groben (zeitlichen) Diskretisierung gerechnet wird oder online in sehr leistungsfähigen (Forschungs-) Steuergeräten nur über einen bestimmten Zeithorizont in der Zukunft eingesetzt wird. Dabei wird unter Zuhilfenahme statistischer Methoden ein mit hoher Wahrscheinlichkeit aufkommendes Geschwindigkeitsprofil prädiziert. Weiterhin wird das Dynamic Programming häufig zur Mustererkennung und Ableitung von heuristischen Betriebsstrategien verwendet. [48] [58][74][82]

2.6.6 Equivalent Consumption Minimization Strategy

Die Equivalent Consumption Minimization Strategy wurde 1999 durch Paganelli [56] als heuristische Betriebsstrategie für hybrid-elektrische Fahrzeuge vorgestellt. Erst später wurde in weiteren Forschungen zum Energiemanagment in HEVs bewiesen, dass die ECMS mit Pontrjagins Maximumsprinzip entsprechend ist. Ausgangsbasis ist dabei die Hamilton-Funktion

$$H(x(t),u(t),\lambda(t),t) = L(x(t),u(t),t) + \lambda(t) \cdot f(x(t),u(t),t) \qquad \text{Gl. 2.38}$$

mit dem Lagrangeschen Gütemaßnach Gl. 2.26 und dem Lagrange Multiplikator λ. Mit Gl. 2.33 ergibt sich somit

$$H = H_u \cdot \dot{m}_{Krst} + \lambda \cdot S\dot{o}C. \qquad \text{Gl. 2.39}$$

Nach der Methode der Lagrange-Multiplikatoren ergibt sich

$$\nabla_{\lambda} H = So\dot{C}(t) = -\frac{I_{Bat}(SoC(t),u(t))}{Q_0}. \qquad \text{Gl. 2.40}$$

Die Definition des Äquivalenzfaktors ist gegeben durch die Normierung von λ mit der Leerlaufspannung V_{OCV} und der nominellen Ladungsmenge Q_0 und der Umstellung nach λ ergibt sich

$$\lambda(t) = s(t) \cdot V_{OCV}(t) \cdot Q_0. \qquad \text{Gl. 2.41}$$

Einsetzen von Gl. 2.40 und Gl. 2.41 in Gl. 2.39 führt zur Definition der Äquivalenzleistung

$$P_{eqv}(t) = P_{Krst}(t) + s(t) \cdot P_{Bat}(t). \qquad \text{Gl. 2.42}$$

Der ECMS liegt die Vorstellung zu Grunde, dass die Differenz der zwischen dem Ladezustand zu Beginn der Fahraufgabe und dem finalen Ladezustand am Ende der Fahranforderung im Vergleich zum Energiedurchsatz gering ist. Die bedeutet, dass die Batterie als Energiepuffer angesehen werden kann. Die gesamte eingebrachte Energie wird dem System in Form von Kraftstoffenergie zugeführt, die Batterie stellt lediglich einen reversiblen Kraftstofftank dar. Jegliche Energie, die aus dem virtuellen Kraftstofftank entnommen wird, muss zu einem späteren Zeitpunkt durch den Verbrennungsmotor wieder zurückgeführt werden, siehe Abbildung 2.26.

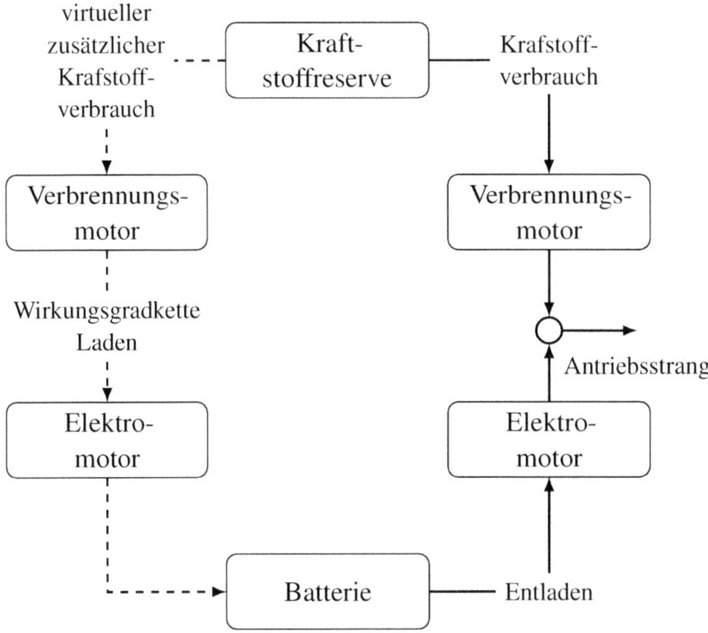

Abbildung 2.26: Pfad der Energie beim Entladen der Batterie, nach [55]

Die Menge an Energie, die dabei zurückgespeist wird, ist abhängig von dem momentanen Betriebspunkt des Verbrennungsmotors und der rekuperierbaren Energie des Systems. Wird der Batterie elektrische Energie durch rekuperatives Bremsen oder eine Lastanhebung des Verbrennungsmotors zugeführt (siehe Abbildung 2.27), hat dies eine zukünftige Kraftstoffeinsparung zur Folge. Die potentielle Kraftstoffeinsparung hängt dabei ebenfalls vom Lastprofil ab.

Da sowohl die zu einem späteren Zeitpunkt stattfindende Kraftstoffeinsparung als auch der zukünftig notwendige Mehrverbrauch unbekannt sind, werden diese über den Äquivalenzfaktor $s(t)$ mit dem realen Kraftstoffverbrauch in Gl. 2.42 Relation gesetzt.

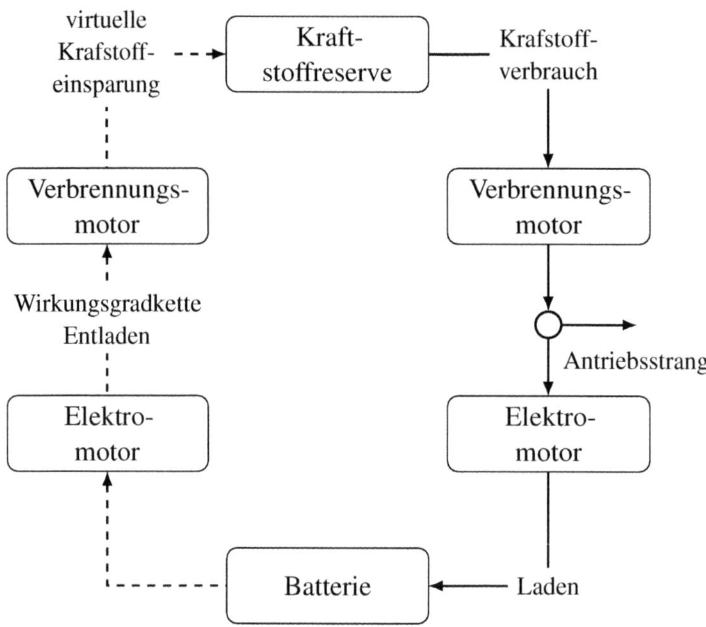

Abbildung 2.27: Pfad der Energie beim Laden der Batterie, nach [55]

Der s-Wert kann über verschiedene Ansätze dargestellt werden. Unter Vernachlässigung der Abhängigkeit des Batteriestroms vom Ladezustand, existiert auch ein konstanter s-Wert, der die Randwertprobleme $SoC(0) = SoC_0$ und $SoC(t_{end}) = SoC_{end}$ löst und die Hamilton-Funktion minimiert. Wird der Wert als konstant angenommen, kann dieser als durchschnittlicher Wirkungsgrad des elektrischen Pfades interpretiert werden. Wird der Äquivalenzfaktor zu hoch angesetzt, führt dies zu einer Überschätzung der Kosten der elektrischen Energie und resultiert damit in einem großen Teil an Lade-Phasen. Der SOC am Ende der Fahranforderung liegt dann höher als der Start-SOC. Wir der s-Faktor zu tief angesetzt, entscheidet sich die Betriebsstrategie häufig für das elektrische Antreiben des Fahrzeugs, so dass der End-SOC unter dem Start-SOC liegt und die Randbedingung der Ladungserhaltung nicht erfüllt wird. So ist eine genaue Abstimmung des s-Wertes notwendig um ΔSOC möglich gering zu halten. Neben den Ansätzen eines konstanten s-Wertes, wurden verschiedene Verfahren entwickelt den Äquivalenzfaktor während des Zyklus anzupassen. Diese werden unter dem Begriff der *Adaptive ECMS* (A-ECMS) zusammengefasst. Nach [54] unterteilen sich die Berechnung des s-Wertes in drei verschiedene Ansätze:

1. Verwendung einer Prädiktion zukünftiger Fahranforderung
2. Erkennung von Fahrmustern
3. Adaption anhand des SOC(-Verlaufs)

Wird beispielsweise, wie in [69] umgesetzt, die Leistung am Rad anhand eines Zeithorizonts in der Zukunft vorhergesagt, kann der s-Wert anhand der Vorhersage wahrscheinlich eintretender Szenarien auf die Fahranforderung angepasst werden. Ein weiteres Beispiel für die echtzeitfähige Prädiktion von Fahranforderungen zeigt [26] basierend auf der Nutzung erhobener Daten von Verkehrstelematik (*Intelligent Transportation Systems*). [28] zeigt einen Ansatz, der die Erkennung von Fahrmustern nutzt. Dabei wird die bereits gefahrene Fahranforderung über einen definierten Zeithorizont in der Vergangenheit analysiert und einer Kategorie an Fahrmustern zugeordnet. Diese wiederum sind mit einem vorausgelegten und optimierten s-Wert verknüpft. Sowohl die Anpassung des s-Wertes auf Basis der Prädiktion von zukünftigen als auch der Analyse bereits gefahrener Fahranforderungen bedingen eine Implementierung aufwendiger peripherer Funktionsumfänge. Weiterhin unterliegen die prädiktiven Verfahren statistischen Ungenauigkeiten bzgl. der Vorhersage.

Adaptionen anhand des SOC-Verlaufs bieten den Vorteil, dass sie zum einen einfach zu implementieren sind. Weiterhin sind diese sehr robust und wenig rechenintensiv. Nachteilig wirkt sich aus, dass meist Applikationsparameter verwendet werden. Diese müssen zur Sicherstellung der Güte der Applikation genau abgestimmt werden. [54] zeigt in einem Vergleich verschiedener Verfahren auf, dass die ausschließliche Nutzung des SOC als Regelparameter, in einer *charge sustaining* Anwendung, Lösungen nahe dem Optimum auffinden können. Eine Verwendung von bspw. prädiktiven Adaptionen bietet demnach keinen nennenswerten Vorteil.

2.7 Statistische Versuchsplanung

Das Ziel der statistischen Versuchsplanung ist es, möglichst effizient Informationen bzgl. des Verhalten eines Systems mit minimalem Zeit- und Kostenaufwand zu erzielen, indem durch Planung von Versuchen die Anzahl dieser reduziert werden. Die Versuchsplanung wird häufig im Produktplanungsprozess eingesetzt. In der Neu- oder Weiterentwicklung eines Produkts, müssen die Eigenschaften eines Produkts oder der Einfluss von Änderungen auf ein Produkt gezielt bestimmt werden. Ermittelt werden diese häufig in Form von Pilotversuchen, Prototypentests oder Dauerläufen. In der Produktentwicklung ist die Versuchsplanung bereits lange Zeit etabliert. [40]

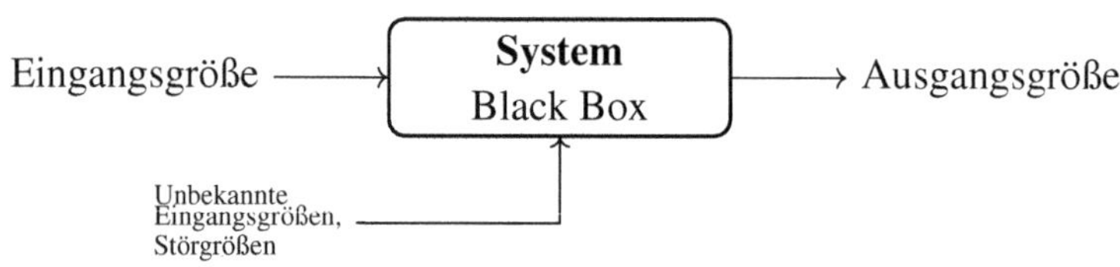

Abbildung 2.28: System-Schema eines Black-Box Systems

Durch die stärker gewordene Präsenz von Simulationen in der Produktentwicklung und der immer detaillierter werdenden Modelle, entsteht auch in der Vorentwicklung ein Zeit- bzw. Kostendruck. Trotz steigender Rechenleistung beansprucht die Berechnung komplexer Simulationsmodelle Entwicklungszeit. Weiterhin ergibt sich auch bei der Auslegung von hybriden Antriebssträngen eine Parallele zur Produktentwicklung und -fertigung. Durch die mögliche Variation einer Vielzahl an Parametern in der Antriebsstrangauslegung ergeben sich häufig komplexe Zusammenhänge, die bei der Suche nach einem globalen Optimum nicht getrennt betrachtet werden können.

In der statistischen Versuchsplanung wird das zu betrachtende System zunächst als Black-Box oder je nach Systemverständnis als Gray-Box behandelt. D.h. das Systemverhalten ist nicht oder nur teilweise bekannt. In dieses System gehen, wie Abb. 2.28 dargestellt, sowohl Eingangsgrößen als auch Störgrößen ein und beeinflussen die Ausgangsgrößen. Im Folgenden werden einige wichtige Begrifflichkeiten erläutert.

Zielgrößen Die Zielgrößen beschreiben das Ergebnis des Versuchs. Am Beispiel der Antriebsstrangsimulation sind dies häufig CO_2- und \oder andere Abgasemissionen.

Einflussgrößen & Faktoren Einflussgrößen sind Größen, die die Zielgrößen beeinflussen. Faktoren sind jene Einflussgrößen, die einen vermuteten großen Einfluss auf die Zielgrößen haben und im Rahmen der Versuchsplanung untersucht werden sollen. Dies sind bspw. die gezielte Variation von Übersetzungen im Antriebsstrang.

Steuergrößen Parameter, die möglichst im Rahmen der Untersuchung auf einen bestimmten Wert oder Wertebereich eingestellt werden.

Störgrößen Faktoren, die Einfluss auf die Zielgröße haben, jedoch im Rahmen des Versuchs nicht beeinflusst werden können. Diese können innerhalb der Simulation weitestgehend ausgeschlossen werden.

Faktorstufen Anzahl der möglichen Werte, die die Faktoren annehmen können.

Um ein besseres Verständnis für das Verhalten eines hybriden Antriebsstrangs aufzubauen, wird häufig das Verfahren One-factor-at-a-time angewandt. Dabei wird eine Einflussgröße verändert, während andere Einflussgrößen konstant gehalten werden. Ein Vorteil dieses Verfahrens ist eine eindeutige Zuordnung des Einflusses eines isolierten Faktors auf die Zielgröße, ist bezüglich seiner Aussagekraft aber auf eine spezifische Konfiguration beschränkt. Wird der Einfluss eines zweiten Faktors untersucht, wird die Anzahl der Versuchspunkte des Verfahrens um die Zahl der zu untersuchenden Faktorstufen multipliziert, was zu einem schnellen Anstieg der durchzuführenden Berechnungen führt. Häufig stellt sich dabei ein iterativer Prozess bei der Definition der Faktorstufen ein, der zu einem weiteren Anstieg der Versuchspunkte führt. Der Versuchsaufwand entspricht dabei einem vollfaktoriellen Versuchsplan, dessen Versuchsanzahl über die Zahl der untersuchten Faktoren n_f und die Zahl der Stufen n_l nach Gleichung Gl. 2.43 definiert ist.

$$n_r = n_l^{n_f} \qquad \text{Gl. 2.43}$$

Wie Tab. 2.6 zeigt, ist die Anzahl an variablen Parametern im elektrifizierten Antriebsstrang sehr hoch. Für die Untersuchung der Auswirkungen verschiedener E-Maschinen Leistungen auf den Verbrauch, werden häufig Wikrungsgradkennfelder und Drehmomentengrenzen skaliert. Gleichermaßen können die Kennfelder variiert werden, um verschiedene E-Maschinen Typen untersuchen zu können. Die Batterie wird wie auch in der Praxis über die Anzahl parallel und seriell verschalteter Zellen skaliert. Weiterhin können eine Vielzahl an Übersetzungen im Antriebsstrang variiert und untersucht werden. Eine umfassende Analyse mehrerer Parameter erfordert demnach entweder eine starke Einschränkung des Suchraums oder eine Vielzahl an notwendigen Simulationsdurchläufen, die auf leistungsfähigen Servern durchgeführt werden. Hier setzt die statistische Versuchsplanung, mit dem Versuch die Anzahl an Simulationsdurchläufen/Messungen zu reduzieren, an.

Tabelle 2.6: Mögliche Optimierungsparameter am Beispiel eines P2-Hybriden

Komponenten	**Variation**	**Parameter**
E-Maschine	kontinuierlich	· maximales Drehmoment
		· maximale Drehzahl
	diskret	· Technologie
Batterie	kontinuierlich	· Kapazität I Zahl paralleler Zellen
		· Spannung I Zahl serieller Zellen
	diskret	· Zelltyp I Innenwiderstand
Verbrennungsmotor	diskret	· Technologie
Getriebe	diskret	· Anzahl der Gänge
		· Übersetzungen
Antriebsstrang	kontinuierlich	· Übersetzung Achsgetriebe
		· Anbindung E-Maschine(n)

2.7.1 Versuchspläne

In der klassischen Versuchsplanung wurden eine Reihe an Verfahren entwickelt, die die in der Praxis auftretenden Anforderungen an die Versuchsplanung bei einer größtmöglichen Reduzierung der Versuche abdecken. Darunter fallen die sogenannten Screening-Versuchspläne, auch teilfaktorielle Versuchspläne genannt. Basierend auf einem vollfaktroriellen Versuchsplan, wird versucht bei minimalem Informationsverlust eine möglichst hohe Anzahl an Versuchen zu streichen. Der vollfaktorielle zweistufige (d.h. zwei Faktorstufen z.B. 0 und 1) Versuchsplan für die Faktoren A, B und C enthält 2^3 Versuche und deckt damit die Einflüsse der Faktoren A, B und C, sowie der zweifach Wechselwirkungen AB, AC und BC und der dreifach Wechselwirkung ABC ab. Bei nichtlinearen Zusammenhängen zwischen Faktoren und Zielgrößen liefern lineare Beschreibungsmodelle keine ausreichende Genauigkeit. Diese können beispielsweise mit einem quadratischen Beschreibungsmodell erweitert werden. Bei Verwendung eines quadratischen Beschreibungsmodells reicht eine Versuchsplanung mittels zweistufiger Verfahren nicht aus, da diese keine mittlere Stufe besitzen und somit das Verhalten des Systems innerhalb eines Parameterraums nicht abbilden können. Hierbei sei lediglich auf Verfahren wie das Central Composite oder auch das Box-Behnken Verfahren verwiesen. [70] Ist zu erwarten, dass auch ein quadratisches Modell nicht ausreicht das Systemverhalten mit ausreichender Genauigkeit abzubilden, können auch kubische Beschreibungsmodelle verwendet werden. Der Einsatz kubischer Modelle weist jedoch deutlich höhere Anforderungen an die Versuchsplanung auf, da die Gefahr eines Overfittings besteht.

Alle bisher beschriebenen Verfahren setzen eine Kenntnis oder eine mögliche Einschätzung des Systemverhaltens (Gray-Box) voraus. Da dies in der Praxis, vor allem bei multivariablen Systemen, nur bedingt möglich ist, werden bei der Erzeugung von Versuchsplänen mit moderner Software meist gleichverteilte Testfelder generiert. Diese setzen keine Vorkenntnisse über das Systemverhalten voraus. Das Ziel dieser Verfahren ist es, den Faktorraum so zu belegen, dass in allen Bereichen des Faktorraums, bei einer gegebenen Anzahl an Versuchen, ein Maximum an Informationen gewonnen werden kann. Ein häufig angewandtes Verfahren ist das Latin Hypercube Sampling. Ein Latin Hypercube Design mit n_f Faktoren und einem Versuchsaufwand n_r bildet eine n_r x n_f Matrix, deren Spalten aus einer zufälligen Permutation aus den Zahlen $\{1,2,3,...,n_r\}$ besteht. Das Sampling besteht darin, dass von jedem Wert eine Zufallszahl im Intervall $[0,1)$ subtrahiert wird und anschließend durch die Zahl der geplanten Versuche geteilt wird.

2.8 Optimierung und Auslegung elektrifizierter Antriebsstränge

Im Folgenden werden aktuelle Untersuchungen zum Stand der Forschung bezüglich der Optimierung von elektrifizierten Antriebssträngen behandelt. Eine zeitliche Einordnung der Entwicklungen gibt [73]. Die historische Entwicklung der Auslegung elektrifizierter Antriebsstränge wird hier in drei Phasen eingeteilt:

1. Die **Vor-Kommerzielle Phase**, die durch Konzeptentwürfe von BEV gekennzeichnet ist
2. Die **kommerzielle Phase**, die sich der Entwicklung von komplexen HEV und Betriebsstrategien widmet
3. **Wettbewerbsphase** (seit 2011), die sich durch eine konstante Weiterentwicklung der HEV Konzepte auszeichnet

[3] fasst die Grenzen bzw. Herausforderungen aktueller Hybrid-Antriebsstrangkonzeptionierungen unter den Gesichtspunkten

- Modellierungsansatz
- Fahranforderungen
- Betriebsstrategie
- Auslegungs-Suchraum
- Auslegungsdisziplinen

zusammen. Bzgl. des Modellierungsansatzes arbeitet [3] heraus, dass für die Auslegung von HEV-Konzepten weiterhin in den meisten Fällen die quasistationäre Rückwärtssimulation bedient wird, da diese den Vorteil der geringen Rechenzeiten aufweist. Häufig werden in Forschungsberichten die bekannten Zertifizierungszyklen verwendet, seltener kommen RDE-Zyklen zum Einsatz, die beispielsweise auch ein Höhenprofil aufweisen. [3] identifiziert zwei Ansätze zur Verwendung verschiedener Betriebsstrategien. Ein Ansatz basiert auf der Ausarbeitung optimaler Architekturen mit Hilfe von offline-Betriebsstrategien. Die ausgewiesenen optimalen Konfigurationen werden dann in einem zweiten Schritt mit Hilfe einer onlinefähigen Betriebsstrategie umgesetzt und optimiert. Ein anderer Ansatz ist die Implementierung von echtzeitfähigen Betriebsstrategien in detaillierte dynamische Fahrzeugmodelle. Wobei durch die rechenintensiven Modelle im darauffolgenden Schritt nur sehr eingeschränkte Komponentendimensionierungen erfolgen.

[7] stellt eine umfassende Untersuchung dar. Hierbei steht die Parametrisierung eines Verbrennungsmotors im elektrifizierten Antriebsstrang im Vordergrund der Untersuchung . Dabei werden verschiedene Motortechnologien anhand einer Variation des Hubvolumens und des Verdichtungsverhältnisses untersucht. Über empirische Ansätze werden unter Einbeziehung des Zündwinkels, des Luftbedarfs λ und des indizierten Wirkungsgrades Kennfelder synthetisiert. Untersucht wurden die Topologien serieller, Misch- und Parallel-Hybrid. Die untersuchten Konzepte haben dabei gezeigt, dass mit steigendem Hybridisierungsgrad der Einfluss des Verbrennungsmotors abnimmt. Dies wird mit der verringerten Laufzeit des Verbrennungsmotors im Hybrid-Verbund begründet. Gleichzeitig steigt aufgrund der zunehmenden rein elektrischen Fahranteile der Wirkungsgradeinfluss des Antriebsstrangs. Weiterhin zeigt sich, dass durch den Wegfall niedriglastiger Betriebspunkte am Verbrennungsmotor, Downsizing-Maßnahmen nur bedingt Einfluss auf das CO_2-Einsparpotential haben. Dennoch weisen die Untersuchungen für PHEV-Konzepte eine mögliche Reduzierung von bis zu 60 % der CO_2-Emissionen, bei einem angenommenen Europäischen Strommix von 400 g CO_2/kWh, aus.

In [16] wird eine weitere umfangreiche Systematik zur Synthese von hybriden Antriebssträngen vorgestellt. Diese verwendet im Gegensatz zu der vorherigen Untersuchung eine iterativ berechnete global-optimale Betriebsstrategie. Weiterhin liegt hier der Fokus auf der Synthese von E-Maschinen-Kennfeldern und Getriebeverlustkennfeldern. Als Basis für die vorgestellten Untersuchungen wurde ein 1.2 l Ottomotor verwendet, der für die berechneten parallelen, seriellen und leistungsverzweigten Topologien geeignet ist.

Tabelle 2.7: Literaturüberblick aktueller Forschung zur Auslegung von elektrifizierten Antriebssträngen

Quelle	Auslegungsziel	Besonderheiten
[2], [4], [47], [5]	Alternative rechenzeitoptimierte Betriebsstrategie	SERCA,[1] GOCS,[2] PEARS[3]
[64], [19], [51], [22], [43], [18], [67], [38]	Antriebsstrangdimensionierung unter Zuhilfenahme von verschiedenen Optimierungsverfahren	PSO, GA, NSGA-II, Hillclimbing, Golden Search
[33], [71], [31], [38],[43], [18], [67]	Optimierung einzelner oder Kombinationen von Komponenten/ Parametern	BEV, PX, SP, SER; Komponenten: TRA, EM (-Position), ICE, BAT, Inverter
[57]	Stufenweise Komponentenauslegung unter Sicherstellung von Fahranforderungen für RDE-Zyklen	SP-PHEV, DIRECT [36]
[24]	geschachtelte Optimierung von Kosten, Komponentenauslegung und Betriebsstrategie	DP
[23]	Vorauslegung unter Einbeziehung von Fahrleistungsanforderungen zur Rechnzeitreduzierung eines TTR	DP
[14]	Konzeptionelle Methodik zur Auslegung von 48V-Hybriden	
[83]	Kombinatorik und automatisierte Modellierung verschiedener Antriebsstrangkonfigurationen	SER, PX, PS, MM
[81]	Vergleich zwischen seriellen und seriell-parallelen Hybriden für verschiedene Fahrzeugsegmente	SER, SP, Betriebsstrategie: DP
[45]	Entwicklung und Auslegung eines MM-Hybriden mit Dual Split Hybrid System	MM, Betriebsstrategie: DP
[17], [52]	Berechnung aller Permutationen von Antriebsstrangkonfigurationen und systematische Variation der Komponenten	P2

[1] Slope-weighted energy-based rapid control analysis
[2] Globally Optimal Control Strategy
[3] Power-Weighted Efficiency Analysis for Rapid Sizing

Weiterhin zeichnet sich die Arbeit durch eine parallel berechnete Nutzwertanalyse aus, die es ermöglicht, anhand verschiedener Kennwerte, das geeignetste

Konzept zu bewerten und zu identifizieren. Als Betriebsstrategie wird eine eigens entwickelte prädiktive Betriebsstrategie eingesetzt.

Die vorgestellten Ansätze, sowie aktuelle Forschung aus Tab. 2.7, verfolgen häufig zum einen den Ansatz der gezielten Optimierung ausgewählter Komponenten im hybriden Antriebsstrang oder eine Betrachtung eines umfangreichen Parameterraums. Dabei werden verschiedene Ansätze verfolgt, den Rechenaufwand im Auslegungsprozess weitestgehend zu reduzieren. Zum einen werden alternative Betriebsstrategien entwickelt, die es ermöglichen, den Rechenaufwand zu reduzieren und damit den Entwicklungsprozess zu beschleunigen. Diese haben meist den Nachteil nicht online-fähig zu sein, da sie entweder eine a-priori-Kenntnis der Fahranforderung benötigen oder keine Übertragbarkeit auf eine online-fähige Betriebsstrategie zulassen. Zum anderen werden häufig Optimierungsverfahren wie bspw. evolutionäre Algorithmen oder die Partikelschwarmoptimierung verwendet. Diese erzielen eine Reduzierung der Anzahl der zu untersuchenden Konfigurationen, haben aber den Nachteil, im Zweifel dennoch eine relativ hohe Anzahl an Berechnungsdurchläufen zu benötigen. Weiterhin nachteilig wirkt sich die Abhängigkeit des Ergebnisses von der Startbedingung der Optimierung aus. Eine weitere Möglichkeit zur Reduzierung des Rechenaufwands ist die Beschränkung der zu untersuchenden Parameter.

Im Folgenden wird ein Ansatz entwickelt, der es ermöglicht, früh im Entwicklungsprozess Designentscheidungen bzgl. des auszulegenden Hybrid-Konzepts zu treffen und diese Entscheidungen früh in den Entwicklungsprozess einfließen zu lassen. Dabei soll dennoch eine ganzheitliche Betrachtung der Parameterräume gewährt werden. Hierzu werden zum einen verschiedene Granularitätsstufen bzgl. der Simulationen als auch verschiedene Betriebsstrategien eingesetzt. Dabei kommen sowohl eine global-optimale, als auch eine heuristische Betriebsstrategie zum Einsatz. Eine global-optimale Betriebsstrategie bietet dabei eine gute Basis zum Vergleich verschiedener Auslegungen, hat jedoch den großen Nachteil, dass diese im Fahrzeug nicht bzw. nur abgewandelt eingesetzt werden kann. Häufig wird dabei ein statistisch wahrscheinlich eintretendes Lastprofil innerhalb eines definierten Zeithorizonts angenommen oder GPS-Daten einer geplanten Route zur Optimierung herangezogen. Das globale Optimum wird somit im Realbetrieb, wie sie u.a. auch bei RDE-Zertifizierungen auftreten, auf lokale Optima reduziert oder durch unvorhergesehene Verkehrsflussänderungen suboptimal. So weist das globale Optimum bzgl. der Betriebsstrategie meist nur ein Potential aus, das im realen Betrieb den Fahrzeugs nicht erreicht wird. Der entwickelte Ansatz verwendet neben der quasistationären Rückwärtssimulation auch einen dynamischen Simulationsansatz und bedient sich dabei verschiedener Detaillierungsstufen. Neben der simulativen Verbrauchsberechnung werden in einer ersten Stufe an das Hybrid-Konzept gestellte Fahranforderungen überprüft. Durch die Definition und Verifizierung der gestellten Fahranforderungen, wie z.B. minimale Beschleunigungszeiten oder den Vorhalt von Beschleunigungsreserven, kann der zu untersuchende Parameterraum eingeschränkt werden und die erforderliche Simulationszeit reduziert werden. Der stufenbasierte Ansatz ermöglicht es, eine große Variantenvielfalt zeiteffizient zu berechnen und optimale Hybridkonfigurationen zu identifizieren. Der in dieser Arbeit entwickelte mehrstufige Ansatz ermöglicht ebenso einen, von dem Auslegungsprozess losgelösten, Einsatz der Simulationswerkzeuge wie zum Beispiel zur Ermittlung einer optimalen Betriebsstrategieparameter.

3 Identifizierung idealer Antriebsstrangkonfigurationen

In der Systementwicklung elektrifizierter Antriebe herrscht stetig der Zielkonflikt zwischen Simulationsgüte und aufwendbarer Rechenzeit. Aufgrund der hohen Rechenzeit werden häufig sehr spezifische Szenarien definiert, die untersucht werden. Weiterhin werden Parameterräume für Variationen verschiedener Komponenten sehr stark eingeschränkt. Häufig werden zunächst gut geeignete Topologien anhand von quasi-stationären Simulationen und Optimierungen identifiziert oder Auslegungen verschiedener Komponenten vorgenommen. Weist sich eine Konfiguration als optimal aus, wird diese in einem späteren Schritt in detaillierteren dynamischen Modellen mit einer online-fähigen Betriebsstrategie abgestimmt und appliziert. Eine zweite Herangehensweise ist die Implementierung einer online-fähigen Betriebsstrategie in detaillierte dynamische Modelle und eine daran anschließende Komponentendimensionierung. Beide Herangehensweisen haben den Nachteil der sequentiellen Entwicklung und identifizieren in der Regel nicht das globale Optimum, das sowohl der Dimensionierung der Komponenten als auch der Applikation der Betriebsstrategie genügt. Im Folgenden wird ein Ansatz entwickelt, der es ermöglichen soll diesen Konflikt zu lösen bzw. teilweise zu entspannen und gleichzeitig einen informationseffizienten Entwicklungprozess optimaler HEV Konfigurationen ermöglicht.

3.1 Methodischer Ansatz

Im Rahmen der vorliegenden Arbeit wurde eine Methode zur Identifizierung optimaler elektrifizierter Antriebsstrangkonfigurationen entwickelt, die auf einem mehrstufigen Ansatz beruht. Anhand verschiedener Stufen und Granularitäten sollen gewonnene Erkenntnisse niedrig-granularer – grober – Simulationen Eintrag in höher-granulare – detaillierten – Stufen erhalten. Für eine einfachere Handhabung und zur Sicherstellung der Datengleichheit zwischen den Stu-

R. G. Kleisch, *Modellbasierter Ansatz zur Ermittlung optimaler Hybrid-Antriebsstrangkonfigurationen unter Anwendung verschiedener Optimierungsalgorithmen*, Wissenschaftliche Reihe Fahrzeugtechnik Universität Stuttgart,
https://doi.org/10.1007/978-3-658-47637-3_3

fen wurde weitestgehend auf Basis derselben Modell-Bibliothek entwickelt. Dies ermöglicht ein einfaches Wechseln zwischen den Berechnungs- bzw. Simulationsumgebungen und Betriebsstrategien. Fahrzeugkonfigurationen sowie insbesondere deren Antriebsstrang werden über eine Kombination aus voneinander unabhängigen Sub-Modellen definiert. Diese umfassen das Fahrzeug, den Verbrennungsmotor, das Getriebe sowie die E-Maschinen 1 und 2 und stellen die Modularität des Ansatzes sicher. Weiterhin wird für jede Konfiguration automatisiert ein Setup definiert, das weitere relevante Fahrzeug- und Betriebsstrategieparameter enthält.

Tabelle 3.1: Spezifikationen des eingesetzten „Performance Laptops“- HP ZBook G7

Hardware	Spezifikation
Prozessor	Intel® Core™ i7
Anzahl Kerne	6
Taktfrequenz	2,7 GHz
Arbeitsspeicher	32,0 GB

Aufgrund der enormen Vielfalt möglicher Konfigurationen elektrifizierter Antriebsstränge ist es notwendig, eine Methodik zu entwickeln, die es ermöglicht, ein effizientes Auffinden geeigneter Konfigurationen zu identifizieren. Neben der topologiebezogenen Gestaltung des Antriebsstrang, können alle Komponenten variiert werden. Durch die Variation der verschiedenen Übersetzungen im Antriebsstrang ergibt sich eine weitere Vergrößerung des möglichen Parameterraums. Wird auch die Betriebsstrategie und deren Applikation als Variationsgrößen betrachtet, ergibt sich ein vieldimensionaler Parameterraum, dessen Untersuchung zur Lösungsfindung entweder auf einige wenige Parameter beschränkt und/oder die Parameter in engen Intervallen untersucht werden. Aus diesem Grund wurde ein mehrstufiger Ansatz entwickelt, der es ermöglichen soll, eine Vielzahl an Hybrid-Konfigurationen zu untersuchen ohne dabei im Voraus den Suchraum der Parameter einschränken zu müssen. Ziel ist ein Vorgehen, das innerhalb verschiedener Stufen im Entwicklungsprozess zeiteffizient eine möglichst große Anzahl an Informationen und Berechnungsergebnissen nutzt, um sukzessive den Suchraum einzuschränken. Dabei sind die Berechnungen jeder Stufe des entwickelten Ansatzes auf einem Performance Laptop mit den in Tabelle 3.1 dargestellten Spezifikationen durchgeführt – können aber durch Parallelisierung auch auf mehreren Kernen gerechnet werden.

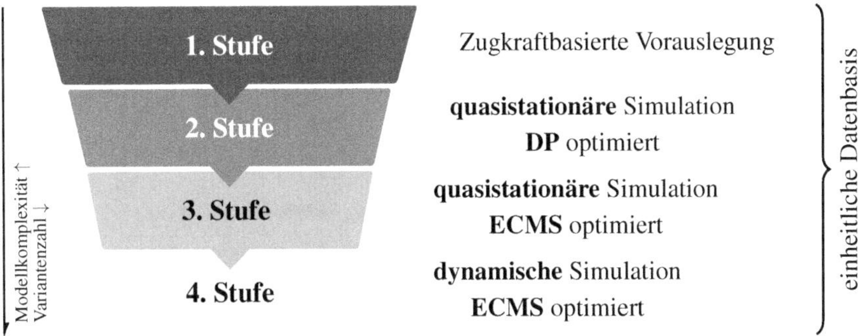

Abbildung 3.1: Schematische Darstellung des stufenweisen Vorgehens zur Identifizierung idealer Antriebsastrangkonfigurationen

Nach Erstellung der Variationsmatrix der zu untersuchenden Antriebsastrangkonfigurationen, werden diese zunächst anhand einer Überprüfung der Einhaltung der Mindestanforderungen berechnet. Konzepte, die die gestellten Mindestanforderungen an die zu entwickelnde Hybridkonfiguration nicht erfüllen, werden aus dem zu untersuchenden Parameterraum gestrichen und in den darauffolgenden Berechnungen nicht weiter berücksichtigt. In einer nächsten Stufe werden Simulationen mit Hilfe einer Dynamic-Programming basierten Betriebsstrategie durchgeführt. Die Ergebnisse dienen dabei zum Vergleich der relativen Potentiale der untersuchten Konfigurationen und als Richtwert für die darauffolgenden Stufen. Anhand verschiedener Kriterien können die Ergebnisse der Stufe bewertet werden. Konzepte mit hohem Potential können dann in der nächsten Stufe mit Hilfe einer höher-granular aufgelösten Simulationsumgebung berechnet werden. Diese wird mit der onlinefähigen Betriebsstrategie ECMS optimiert. Dies hat in Bezug auf die Betriebsstrategie im Vergleich zur DP den Vorteil, real erzielbare Potentiale auszuweisen. Wiederum werden die Ergebnisse anhand verschiedener Kriterien bewertet und eine geringe Anzahl an Konfigurationen mit der letzten Stufe anhand einer ECMS-optimierten dynamischen Simulation validiert und plausibilisiert. Der stufenweise Ansatz von grob granularen Modellen hin zu dynamischen fein granularen Simulationen bietet zum einen den Vorteil, nicht schon im frühen Entwicklungsphasen sehr detaillierte Simulationsmodelle bedaten und abstimmen zu müssen, und zum anderen die Möglichkeit der Plausibilisierung und Validierung quasi-stationärer Simulationsrechnungen anhand dynamischer Modelle. Tabelle 3.2 gibt einen Überblick der wichtigsten Merkmale der verschiedenen Simulationsansätze der Stufen. Ein schematischer Ablauf ist in Abbildung 3.1 dargestellt.

3.2 Simulationsumgebung und -werkzeuge

Neben der Optimierung der Regelgrößen für die Einstellung des Gangs bzw. der Übersetzung über ein Stufengetriebe oder einen Planetensatz, wird bei allen Topologien die Regelgröße der Drehmomentenaufteilung (oder durch Definition der Drehzahlen auch Leistungsaufteilung) der Aggregate optimiert. Die Aufteilung des Drehmoments erfolgt dabei nach

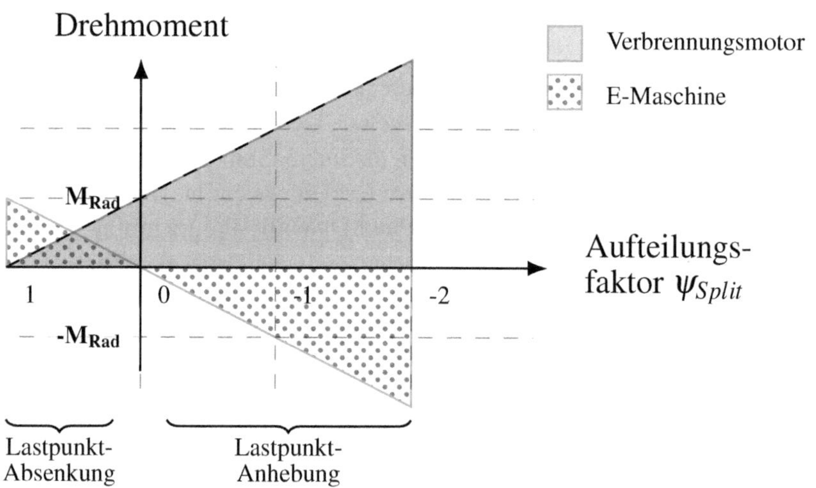

Abbildung 3.2: Prinzipskizze der Drehmomentenaufteilung zwischen Verbrennungsmotor und E-Maschine

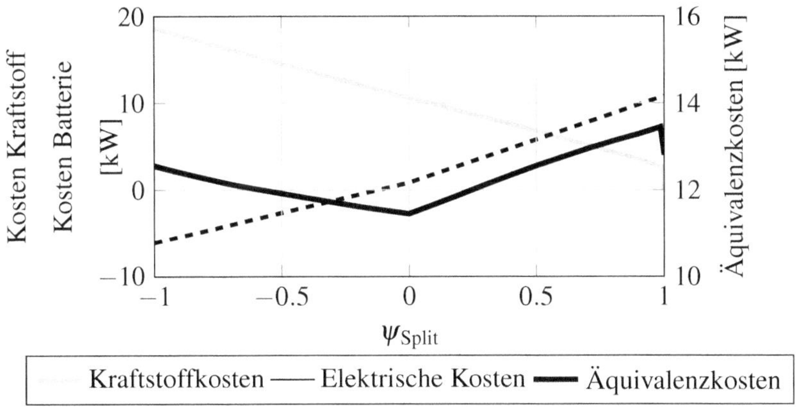

Abbildung 3.3: Äquivalenz-, verbrennungsmotorische und elektrische Kosten für einen P2-Hybriden mit $s(t) = 1.02$

$$\psi_{Split} = \frac{P_{Edr}}{P_{Whl} \cdot \frac{1}{\eta_{Pta}}} \quad \text{Gl. 3.1}$$

und damit auf die Antriebsaggregate E-Maschine und Verbrennungsmotor mit

$$P_{Edr} = \psi_{Split} \cdot \frac{P_{Whl}}{\eta_{Pta}} \quad \text{Gl. 3.2}$$

$$P_{Ced} = \frac{P_{Whl}}{\eta_{Pta}} \cdot (1 - \psi_{Split}) \quad \text{Gl. 3.3}$$

mit

$$\psi_{Split} \in [-2, ..., 1]. \quad \text{Gl. 3.4}$$

D.h. für einen Aufteilungsfaktor $\psi_{Split} = 1$ erfolgt die Bereitstellung der notwendigen Leistung für den Vortrieb des Fahrzeugs rein durch die E-Maschine, vgl. Abb. 3.2. Ein Wert von $\psi_{Split} = 0$ entspricht dem rein verbrennungsmotorischen Vortrieb des Fahrzeugs. Die elektrische Leistung in diesem Punkt entspricht der Last durch das Bordnetz. Im Bereich 1 und 0 erfolgt eine Aufteilung der geforderten Radleistung zwischen E-Maschine und Verbrennungsmotor. Nimmt ψ_{Split} kleinere Werte als 0 an, wird die Leistung am Verbrennungsmotor über die notwendige Leistung zum Vortrieb erhöht und die somit überschüssige Leistung durch die E-Maschine zum Laden der Batterie aufgenommen. η_{Pta} beinhaltet hierbei vereinfacht den Gesamtwirkungsgrad des Antriebsstrangs vom Rad zu den jeweiligen Komponenten. Abbildung 3.2 veranschaulicht die Leistungs-/ Momentenaufteilung der beiden Aggregate.

Für einen P2-Hybriden ergeben sich die Äquivalenzkosten der ECMS in Abhängigkeit vom Aufteilungsfaktor für einen Gang zum Zeitpunkt t wie in Abb. 3.3 beispielhaft dargestellt.

Für Antriebskonzepte mit zwei E-Maschinen wird Gl. 3.3 als

$$P_{Ced-Edr2} = \frac{P_{Whl}}{\eta_{Pta}} \cdot (1 - \psi_{Split}) \qquad \text{Gl. 3.5}$$

definiert. D.h. die notwendige Leistung an den Aggregaten wird zwischen der Traktionsmaschine und dem Verbund aus Verbrennungsmotor und E-Maschine bzw. Generator aufgeteilt. Um auch zwischen den beiden Aggregaten eine optimale Aufteilung der Leistung gewährleisten zu können, wird ein zweiter Faktor ψ_{Split2} eingeführt, der die Leistungsaufteilung entsprechend Gl. 3.3 und Gl. 3.2 nach

$$P_{Edr2} = \psi_{Split2} \cdot \frac{P_{Ced-Edr2}}{\eta_{Edr2-Ratio}} \qquad \text{Gl. 3.6}$$

$$P_{Edr2} = \psi_{Split2} \cdot (1 - \psi_{Split}) \cdot \frac{P_{Whl}}{\eta_{Edr2-Ratio} \cdot \eta_{Pta}} \qquad \text{Gl. 3.7}$$

und

$$P_{Ced} = \frac{P_{Ced-Edr2}}{\eta_{Ced-Ratio}} \cdot (1 - \psi_{Split2}) \qquad \text{Gl. 3.8}$$

$$P_{Ced} = \frac{P_{Whl}}{\eta_{Ced-Ratio} \cdot \eta_{Pta}} \cdot (1 - \psi_{Split}) \cdot (1 - \psi_{Split2}) \qquad \text{Gl. 3.9}$$

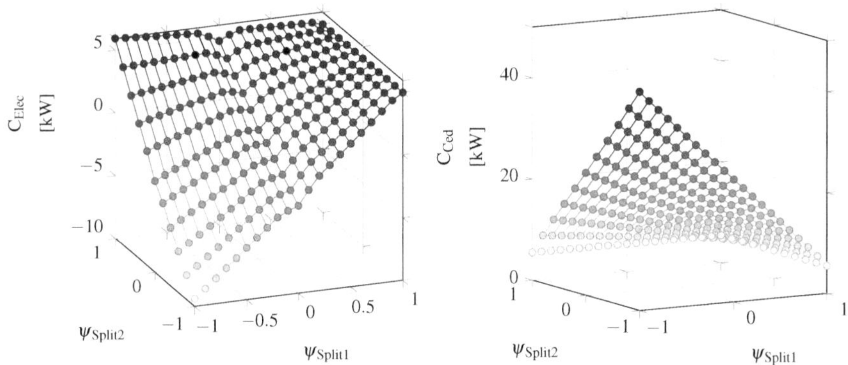

Abbildung 3.4: Elektrische (links) und verbrennungsmotorische Kosten (rechts) für einen SP Hybrid in einem parallelen Gang über ψ_{Split} und ψ_{Split2}

abbildet. D.h. im Rahmen der Betriebsstrategieoptimierung wird die erforderliche Leistung zum Vortrieb des Fahrzeugs zwischen den drei Aggregaten optimal verteilt.

Die elektrischen, verbrennungsmotorischen und die Äquivalenzkosten in Abhängigkeit der beiden Aufteilungsfaktoren ψ_{Split} und ψ_{Split2} für einen SP-Hybrid sind in den Abbildungen 3.4 und 3.5 dargestellt. Der Schnitt für $\psi_{Split2} = 0$ entspricht der Aufteilung mittels einer E-Maschine, so dass das Auflasten oder Ablasten über die Traktionsmaschine bewerkstelligt wird. Für $\psi_{Split} = 0$ können die Betriebspunkte des Verbrennungsmotors – innerhalb der Komponentengrenzen – über den Generator verschoben werden. Mit Hilfe der beiden elektrischen Maschinen und den beiden Aufteilungsfaktoren kann sowohl der Vortrieb des Fahrzeugs als auch die Leistungsaufnahme im Ladebetrieb, abhängig von den jeweiligen Verlusten, auf beide Aggregate aufgeteilt werden. Zur Steigerung der Recheneffizienz können Bereiche ausgeschlossen werden, innerhalb derer eine der beiden Maschinen Leistung bereitstellt während die andere E-Maschine Leistung aufnimmt. Diese Einschränkung kann jedoch zu suboptimalen Ergebnissen führen - das serielle Nachladen des SP-Hybrids wird hierbei nicht eingeschränkt.

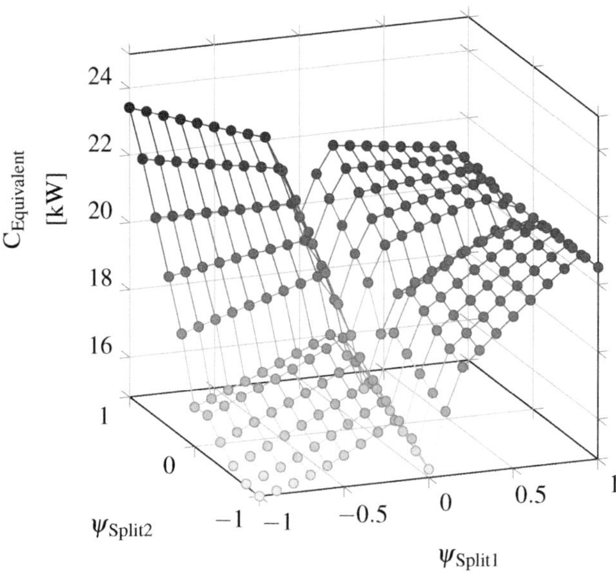

Abbildung 3.5: Äquivalenz-Kosten für einen parallelen Gang im SP-Hybriden über ψ_{Split} und ψ_{Split2}

3.3 Detaillierungsstufen der Simulationsumgebungen

Im (Vor-) Entwicklungsprozess elektrifizierter Antriebsstränge kommen zu verschiedenen Phasen der Entwicklung eine Vielzahl an Tools und Berechnungsprogrammen zum Einsatz. Je nach Anforderung an die Genauigkeit der verwendeten Modelle werden Berechnungen verschiedener Granularitätsstufen verwendet. Der zielgerichtete Einsatz verschiedener Modellierungstiefen ermöglicht eine zeiteffiziente Auslegung eines elektrifizierten Antriebsstrangs. Die Wahl der richtigen Modelle ist stets unter dem Aspekt der Rechenzeit und der Fragestellung an das Modell abzuwägen. Einfachere Modellansätze bieten den Vorteil einer geringen Rechenzeit und können meist zu ersten Untersuchungen des Systemverhaltens eingesetzt werden. Diese haben jedoch den Nachteil eines hohen Abstraktionsgrades. Damit einher geht jedoch auch eine vereinfachte Modellparametrierung. D.h. in einer frühen Phase des Entwicklungsprozesses können unter Definition grober Randbedingungen und ohne

Tabelle 3.2: Übersicht der Simulationsansätze der verschiedenen Stufen

	Vor-auslegung	1. Stufe	2. Stufe	3. Stufe
Betriebs-strategie	-	Dynamic Programming	ECMS	ECMS
Simulations-ansatz	-	quasi-stationär	quasi-stationär	dynamisch
zeitliche Diskretisierung	-	1 s	0.1 s	0.1 - ~1ms
Diskretisierung Steuer-\ Regelgrößen	fein	grob	fein	fein
Software	MATLAB	MATLAB	MATLAB	GT-Power & MATLAB/ Simulink

genaue Kenntnis des zu definierenden Antriebsstrangs oder dessen Komponenten erste Untersuchungen durchgeführt werden. Dabei sind meist die relativen Ergebnisse verschiedener Antriebsstrangkonfigurationen untereinander von größerem Interesse als die Höhe des absoluten ermittelten Verbrauchs.

Mit dem Erkenntnisgewinn und der damit verbundenen Konkretisierung der Systemkomponenten und -architektur, können verschiedene Komponenten und der Parametersuchraum eingeschränkt werden. Durch die Eingrenzung des Suchraums ist es somit möglich, auch detailliertere Modelle zu verwenden, die eine genauere Vorhersage des System- und Komponentenverhaltens zulassen. Eine hohe Modellkomplexität geht jedoch meist mit einer hohen Rechenzeit, einer genauen Kenntnis der Parameter und einem erhöhten Modellierungs- und Änderungsaufwand einher. Auf Grund dessen ist es empfehlenswert, eine möglichst genaue Spezifizierung der untersuchten Antriebsstrangkonfigurationen vorzunehmen. Im Folgenden werden die verschiedenen Detaillierungsstufen der Modelle der entwickelten Methodik erläutert.

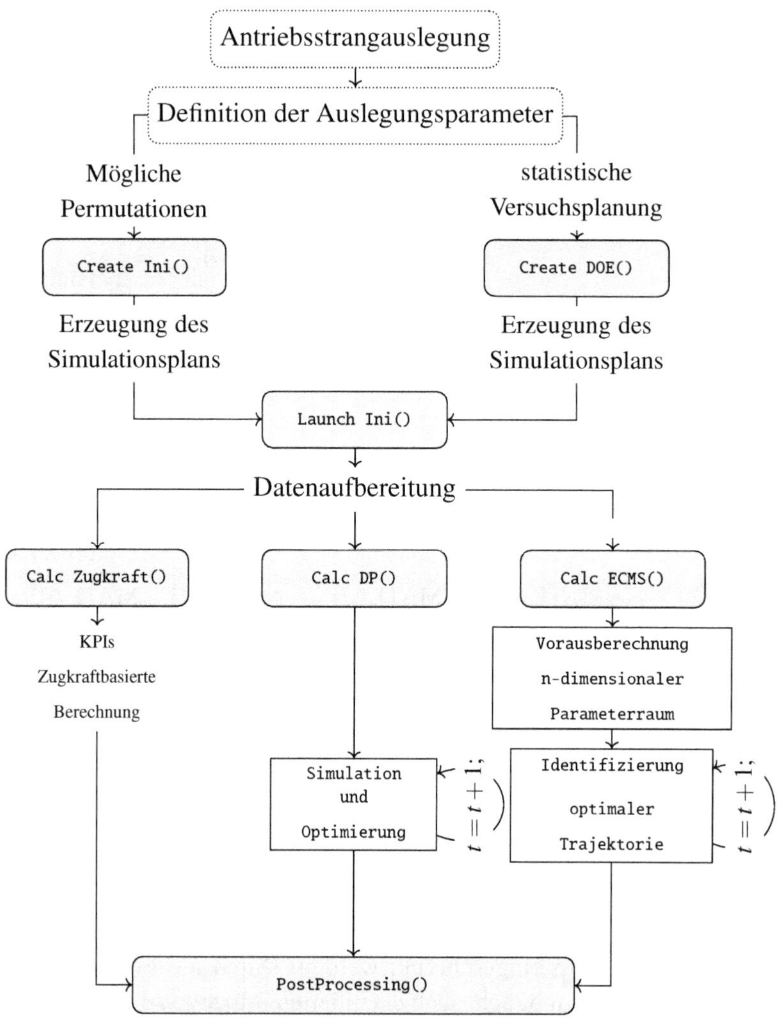

Abbildung 3.6: Funktionsstruktur des „Powertrain Evaluation Tool"

3.3.1 Modellbibliothek

Um eine effektive Handhabung bzgl. der verwendeten Modell zu gewährleisten, werden die Modelle der verschiedenen Detaillierungsstufen in einer gemeinsamen Modellbibliothek verwaltet und organisiert. Dabei greifen, wie in Abb. 3.7 dargestellt, sowohl die zugkraftbasierte Vorauslegung als auch die beiden quasistationären Simulationsansätze direkt auf die gemeinsame Modellbibliothek zu. D.h. zwischen den Stufen sind keine Anpassungen bzgl. der Modelle notwendig, da diese eine gemeinsame Datenbasis verwenden. Die Detailtiefe der Daten orientiert sich dabei an dem höchsten Detaillierungsgrad der Simulationen. Sind Abstraktionen der Daten wie Mittelungen von Kennwerten oder weitere Anpassungen der Daten notwendig, wird diese in den jeweiligen Berechnungsskripten durchgeführt. So wird bspw. in der zugkraftbasierten Vorauslegung ein mittlerer Batteriewirkungsgrad für die weiteren Berechnungen ermittelt.

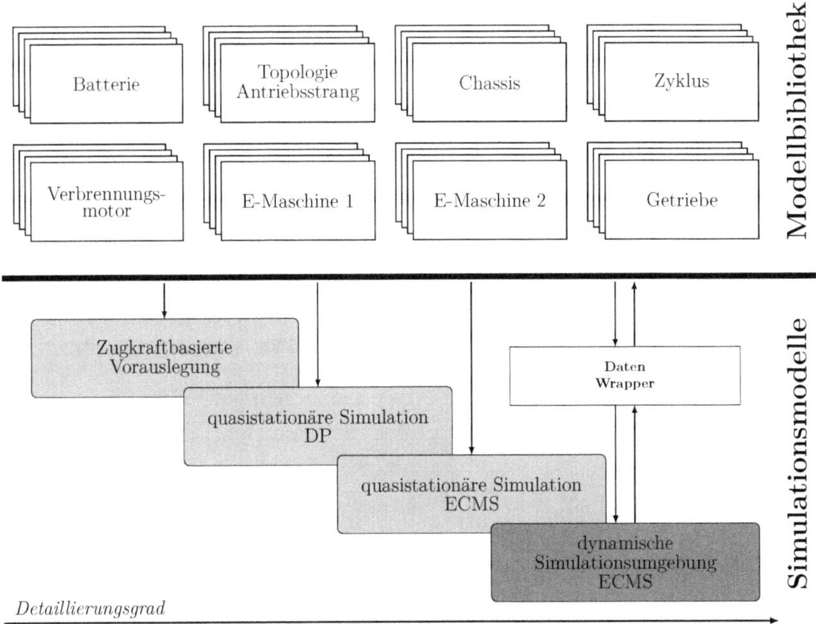

Abbildung 3.7: Modellbibliothek und Anwendung durch die verschiedenen Simulationsansätze

Eine gemeinsame Datenbasis bietet den Vorteil den Aufwand der Modellpflege im Entwicklungsprozess zu reduzieren. Weiterhin kann eine einheitliche Modellbibliothek zur Fehlervermeidung beitragen und Inkonsistenzen in den Daten vermeiden. Wie in Abb. 3.7 dargestellt, verwenden alle Detaillierungsstufen eine Modellbibliothek, die in Form von *.mat*-Dateien angelegt ist. Die letzte Detaillierungsstufe der dynamischen ECMS wird unter Verwendung eines Daten Wrappers an die Bibliothek angebunden. D.h. wird ein neues Objekt in der Modellbibliothek angelegt, muss dieses mit Hilfe des Daten Wrappers in ein zur Software GT-Suite kompatibles Datenformat übertragen werden. Wie bereits beschrieben, werden die Daten dabei in höchsten Detaillierungsgrad gespeichert, um eine informationsverlustfreie Rückwandlung zu gewährleisten. Abstraktionen der Daten bzgl. der verschiedenen Detaillierungsstufen finden dann in den entsprechenden Simulationsmodellen statt.

3.4 Vorauslegung der Konfigurationen

Wie in Abb. 3.6 dargestellt, wird zunächst zu Beginn einer Antriebsstrangauslegung ein Simulationsplan erzeugt. Dieser beinhaltet die zu untersuchenden Topologien und Antriebsstrangkonfigurationen. Je nach Ansatz und Anforderungen an das zu untersuchende Konzept wird entweder ein Simulationsplan anhand aller möglichen Permutationen der gewählten Komponenten oder mit Hilfe der, in Kapitel 2.7.1 vorgestellten, statistischen Versuchsplanung erstellt.

In einer Vorauslegung werden für die zu untersuchenden Konfigurationen zugkraftbasierte Berechnungen durchgeführt, die eine Beurteilung der Konzepte anhand definierter Mindestfahranforderungen, wie sie beispielhaft in Tabelle 3.4 definiert sind, ermöglicht. Die Definition und Überprüfung der Mindestanforderungen an ein Antriebsstrangkonzept befähigt früh im Entscheidungsfindungsprozess ein effizientes Auffinden geeigneter Konfigurationen und Einschränken des Suchraums. Für die Berechnung zugkraftbasierter Größen sind komponentenbezogen lediglich die Kenntnis der Verläufe des maximalen Drehmoments der Antriebsaggregate und der maximalen Leistung der Batterie bei maximalem Entladestrom notwendig. Die Definition der Antriebskonzepte erfolgt über die Wahl einer Topologie, der verwendeten Komponenten und den Übersetzungen im jeweiligen Antriebsstrang. Die Wirkungsgrade der Übersetzungen können dabei bspw. gangspezifisch aufgelöst werden.

Die Höchstgeschwindigkeiten der Konzepte ergeben sich dabei meist aus den Leistungsgrenzen oder maximalen Drehzahlen der einzelnen Aggregate abhängig von den verschiedenen Betriebsmodi. So kann sich bswp. für einen SP-Hybriden abhängig von der Batterieleistung eine sich unterscheidende Höchstgeschwindigkeit für den rein elektrischen, seriellen und parallelen Betrieb ergeben. Im Folgenden werden lediglich die elektrische Höchstgeschwindigkeit und die maximale Geschwindigkeit des Gesamtkonzeptes als Bewertungsmaß herangezogen.

Tabelle 3.3: Fahranforderungen für die Vorauslegung von HEV Topologien

Anforderung[1]	Einheit
Höchstgeschwindigkeit	
gesamt v_{max}	$\mathrm{km\,h^{-1}}$
rein elektrisch v_{maxEV}	$\mathrm{km\,h^{-1}}$
Beschleunigungsreserve a_{res} bei $v_{Veh} = x$	$\mathrm{m\,s^{-2}}$
Steigfähigkeit bei $v_{Veh} = x$	%
Beschleunigungszeiten $t_{x\ km/h-y\ km/h}$	s
zyklusbezogene rein elektrische Reichweite (AER)[2]	km
spez. Fahranforderung (Zyklus)	-
spez. Fahranforderung (Zyklus) rein EV	-

[1] Für maximale oder reduzierte Antriebsleistung der E-Maschine und/oder unter Einbeziehung einer zusätzlichen Anhänger-Last

[2] Unter Annahme eines konstanten Batteriewirkungsgrades und einer konstanten Spannungslage

Über die Berechnung der Beschleunigungsreserven und die Steigfähigkeit bei einer bestimmten Geschwindigkeit v_{Veh}, kann die zur Verfügung stehende Zugkraft der Konfiguration über die Fahrzeuggeschwindigkeit bewertet werden. Die Ermittlung der rein elektrische Reichweite (AER) wird unter Hinzunahme eines gewählten Zyklus unter Einhaltung der Komponentengrenzen berechnet. Hierzu ist es notwendig, den Wirkungsgrad der E-Maschine(n) und der Batterie kennfeld- bzw. kennlinienbasiert zu bedaten oder Wirkungsgradannahmen zu treffen. Um die Dynamik der auszulegenden Konfiguration bewerten zu können, wird die Beschleunigungskurve bei maximal anliegender Zugkraft berechnet und variierbare Beschleunigungszeiten ausgelesen. Für Stufengetriebe, wie sie z.B. in P2-Hybriden zum Einsatz kommen, kann ein zugkraftunterbrochenes Schalten über die Schaltzeit t_S, wie in Kapitel 2.5.6 beschrieben, einberechnet werden.

Für die Überprüfung der Leistungskennwerte werden alle Topologien auf eine maximale Zugkraft ausgelegt. D.h. die Wahl der Gänge erfolgt für die Topologien P2, PS und SP anhand der jeweilig maximal möglichen Zugkraft entlang des Geschwindigkeitsvektors.

3.4.1 Betriebspunkt- und Übersetzungsoptimierung SP-Hybrid

Der in Kapitel 2.1.1 vorgestellte SP-Hybrid kann durch Öffnen bzw. Schließen der Kupplung zwischen Abtrieb und Lade-Verbund, bestehend aus Verbrennungsmotor und Generator, zwischen seriellem und parallelen Betrieb umschalten. Hat die Kupplung den Zustand geschlossen, kann die Betriebsstrategie im parallelen Betriebsmodus eine Drehmomentenaufteilung zwischen den drei Aggregaten vornehmen um, das erforderliche Antriebsmoment bereit zu stellen. Ist die Kupplung geöffnet, befindet sich der Antriebsstrang im seriellen Modus. Das notwendige Drehmoment bzw. die notwendige Leistung zum Antrieb des Fahrzeugs wird dabei über die Traktions-E-Maschine gestellt.

$$\sum P_{EdrMech_{1\&2}}(t,u) \begin{cases} >0 & \text{Ablasten} \\ =0 & \text{verbrennungsmotorischer Antrieb} \\ <0 & \text{Auflasten} \end{cases} \qquad \text{Gl. 3.10}$$

Im seriellen Modus sind der Verbrennungsmotor und die E-Maschine 2 (Generator) vom Abtrieb und damit der Leistungsanforderung des Fahrzeugs entkoppelt. Dies ermöglicht das freie Einstellen der Betriebspunkte am Verbrennungsmotor und das Laden der Batterie über die E-Maschine 2 mit verschiedenen Leistungen. Zur simulativen Abbildung verschiedener Ladeleistungen und der damit verbundenen Definition der Anzahl diskreter Betriebspunkte, werden die seriellen Betriebspunkte im Pre-Processing der Simulation festgelegt. Ebenso wie bei der Diskretisierungen der Regelparameter ist hier darauf zu achten, die

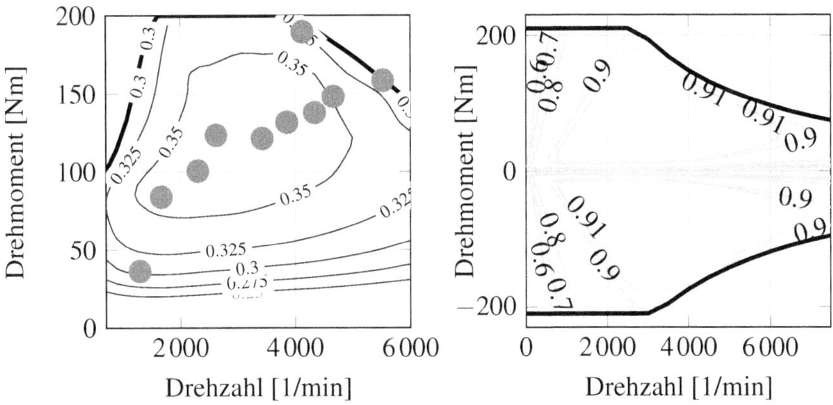

Abbildung 3.8: Wirkungsgradkennfeld eines Verbrennungsmotors mit zehn optimierten Betriebspunkten auf der Linie größter Effizienz

Abbildung 3.9: Wirkungsgradkennfeld einer E-Maschine für die Verwendung als Generator im Lade-Verbund eines SP Hybriden

Anzahl der Betriebspunkte gering zu halten um die Rechenzeit zu reduzieren und gleichzeitig eine notwendige Mindestanzahl an Betriebspunkten zu definieren, die eine hohe Güte der Berechnungen bzw. Optimierung ermöglichen. Aktuelle Untersuchungen zeigen, dass bereits eine geringe Anzahl von zwei bis drei Betriebspunkten bei einem seriellen Hybrid zu einer nahe optimalen Lösung führen. Hierbei werden zwei Betriebspunkte bei geringen bzw. mittleren Leistungen zwischen 20 und 40 kW verwendet. Ein dritter Betriebspunkt bei einer höheren Leistung von 60 kW deckt die Leistungsanforderungen bei Autobahnfahrten mit hoher Geschwindigkeit ab. [76] Die Abbildungen 3.8 und 3.9 zeigen die Wirkungsgradkennfelder eines Verbrennungsmotor und einer E-Maschine, die als Generator eingesetzt wird. Im Kennfeld des Verbrennungsmotors sind entlang der Betriebslinie optimaler Wirkungsgrade für verschiedene Leistungsanforderungen Betriebspunkte zwischen 5 kW und der maximalen Leistung des Verbrennungsmotors gekennzeichnet. Zur Ermittlung optimaler serieller Betriebspunkte, werden die Kennfelder von Verbrennungsmotor und

E-Maschine 2, wie in Abbildung 3.10 dargestellt, verrechnet. Verbrennungsmotorische Betriebsbereiche niedriger Drehzahlen und hoher Lasten werden aus NVH-Gründen nicht berücksichtigt. Die Auswahl der Betriebspunkte erfolgt dann anhand ihres maximalen Ladewirkungsgrades in verschiedenen Leistungsstufen.

$$\eta_{Laden} = \omega_1 \cdot \overline{\eta}_{pwr} + \omega_2 \cdot \eta_{max} + \omega_3 \cdot \eta_{Ueberdeckung} \qquad \text{Gl. 3.11}$$

mit

$$\overline{\eta}_{pwr} = \sum_{i=1}^{n_{Laden,i}} \frac{\eta_i}{P_{Laden,i}} \qquad \text{Gl. 3.12}$$

und

$$\eta_{Ueberdeckung} = \frac{\int_{n_{Ced,min}}^{n_{Ced,max}} min(-tq_{Edr,min}(n_{Ced}), tq_{Ced,max}(n_{Ced}))dn}{\int_{n_{Ced,min}}^{n_{Ced,max}} tq_{Ced,max}(n_{Ced})dn} \qquad \text{Gl. 3.13}$$

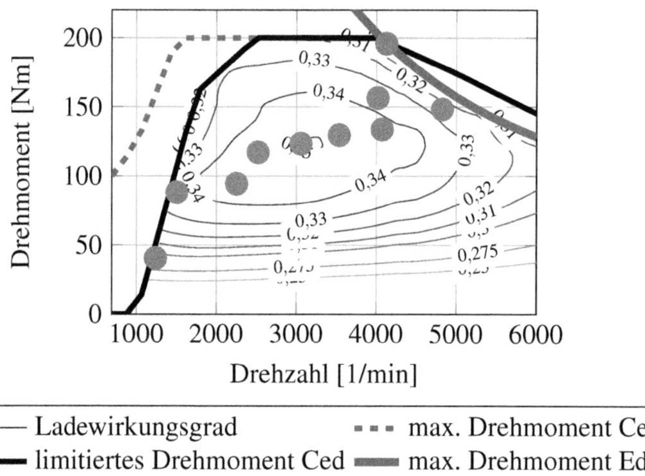

Abbildung 3.10: Kombiniertes Nachladewirkungsgradkennfeld aus Verbrennungsmotor und E-Maschine und optimierte Betriebspunkte für eine Übersetzung $i = 1.25$

Für die Wahl der Nachlade-Betriebspunkte ist die Auslegung der Übersetzung zwischen den beiden Aggregaten ausschlaggebend. Zum einen beeinflusst die Übersetzung das kombinierte Wirkungsgradkennfeld maßgeblich und damit den Wirkungsgrad der Ladepunkte im seriellen Betrieb des Fahrzeugs. Da die E-Maschine 2 nicht durch eine Trennkupplung vom Verbrennungsmotor abgekoppelt werden kann, ist es außerdem wichtig, dass sich die maximalen Drehzahlen der beiden Aggregate auf Kurbelwellen-Ebene in einem ähnlichen Drehzahlbereich befinden bzw. sichergestellt wird, dass der Verbrennungsmotor nicht durch die maximale Drehzahl der E-Maschine 2 eingeschränkt wird. Da dies vor allem im parallelen Betrieb des SP-Hybriden zu starken Einschränkungen führen würde. Zur Optimierung der Übersetzung, unter Bewertung der beschriebenen Kriterien wird der *fminsearch*-Algorithmus in MATLAB verwendet [50]. Dieser setzt zum Auffinden des Minimums (bzw. Maximums) das Downhill-Simplex-Verfahren ein [46]. Die Bewertung der gewählten Übersetzung $i_{Ced-Edr2}$ erfolgt dabei anhand gewichteter Kriterien nach Gl. 3.11.

Tabelle 3.4: Faktoren zur Bewertung des Nachladewirkungsgrads eines SP-Hybrids nach Gl. 3.11

Faktor	Beschreibung
$\omega_1, \omega_2, \omega_3$	Gewichtungsfaktoren
$\overline{\eta}_{pwr}$	leistungsgewichteter mittlerer Lade-Wirkungsgrad
η_{max}	maximaler Ladewirkungsgrad
$\eta_{Ueberdeckung}$	Überdeckung der Kennfeldbereiche

Je nach Anforderung an Genauigkeit und Rechenzeit der Simulation kann die Anzahl zu berechnender Betriebspunkte variiert werden.

Tab. 3.5 stellt das Profiling bzw. den Rechenzeitbedarf für die Vorauslegung und die Überprüfung der Einhaltung der Leistungskennwerte dar. Am Beispiel des WLTCs mit einer Zykluszeit von ca. 1800 s ergibt sich pro Konfiguration eine Rechenzeit von < 0,5 s. Somit ist eine Berechnung einer Vielzahl an Konfigurationen mit sehr geringem zeitlichem Aufwand verbunden.

Tabelle 3.5: Profiling für die Berechnung der Vorauslegung eines SP-Hybriden im WLTC - Zugkraftbasierte Vorauslegung

Bezeichnung	Wert	Einheit
Δt Zyklus-relevante Berechnungen	1	s
Δt Zugkraftberechnung	1	s
Zykluszeit	1800	s
Rechenzeit	< 0,5	s
Echtzeitfaktor θ_E	$2,7 \cdot 10^{-4}$	-

Der Echtzeitfaktor θ_E stellt die auf die Simulationszeit t_{Sim} bezogene Rechenzeit t_{CPU} dar [30].

$$\theta_E = \frac{t_{CPU}}{t_{Sim}} \qquad \text{Gl. 3.14}$$

3.5 Potentialabschätzung mit Hilfe des Dynamic Programming

Eine erste simulative Verbrauchsermittlung im Rahmen der entwickelten Methodik wird mit Hilfe des Dynamic Programming, das in Kapitel 2.6.5 erläutert wurde, ermittelt. Das Dynamic Programming stellt eine sehr robuste Methode zur Betriebsstrategie-Optimierung elektrifizierter Antriebsstränge dar. Da mit Hilfe der DP das globale Optimum prinzipbedingt ohne Applikationsparameter identifiziert wird, ist dieses nicht abhängig von einer Abstimmung solcher Parameter und erfordert somit keine tiefer gehende Kenntnis.

Dem Nachteil der hohen Rechenzeit der DP wird anhand einer primär groben zeitlichen Diskretisierung entgegengewirkt. Ebenso bewirkt eine Reduzierung der Auflösung der Regel- und Steuerparameter eine Verringerung der Anzahl notwendiger Rechenoperationen. Um die Berechnung des Simulationsmodells und die parallel durchgeführte Optimierung möglichst effizient auszuführen, wird das Berechnungsskript so umgesetzt, dass die Anzahl an Rechenoperationen minimiert wird. So kann die Rechenzeit bei gleichbleibender Simulationsgüte verringert werden.

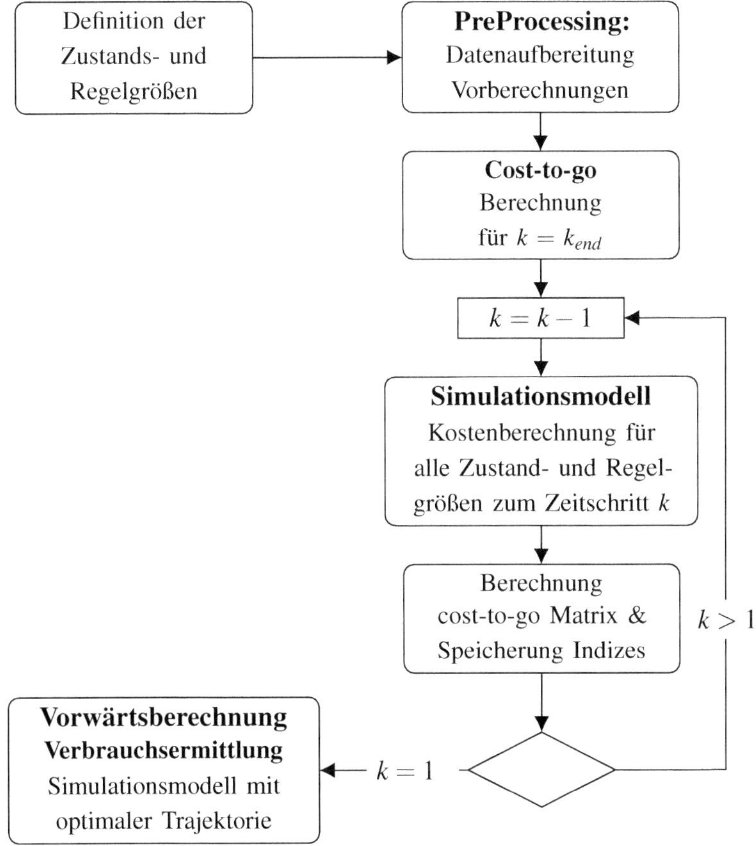

Abbildung 3.11: Vereinfachte Darstellung des Simulationsablaufs mit Hilfe einer DP-optimierten Betriebesstrategie nach [55]

Wie in Abbildung 3.11 dargestellt, wird das Berechnungs-/Simulationsskript bei der DP-Optimierung in einer Schleife über die diskreten Zeitschritte ausgeführt und damit ebenso alle Funktionen innerhalb des Simulationsskriptes.

Durch die Reduzierung der zeitlichen Diskretisierung kann die Anzahl der Schleifen-Durchläufe direkt reduziert werden. Wird die Zeitschrittweite verringert, steigt die Anzahl der Schleifen-Durchläufe mit $t_{end}/\Delta t$ und der numerische Aufwand steigt. Durch eine Verringerung der Diskretisierung der Regel- oder Zustandsgrößen kann die Anzahl der Rechenoperationen innerhalb des Simulationsskripts, bei gleichbleibender Zahl an Schleifen-Durchläufe, reduziert werden. Dies resultiert jedoch, ebenso wie die zeitliche Diskretisierung, in einer verringerte Auflösung bzw. Genauigkeit der Berechnungsergebnisse für die Annahme quasi-stationärer Zustände und kann zu einer hohen Ungenauigkeit der Modelle führen. Für einen P2-Hybrid ergibt sich bspw. eine dreidimensionale Matrix, deren Größe in den jeweiligen Dimension abhängig ist von den gewählten diskreten Stufen des SoC, der Anzahl an Stützstellen der Drehmomentaufteilung und der Anzahl der Gangstufen des Getriebes. Diese Matrix wird über die Schleife für jeden Zeitschritt innerhalb der Optimierung berechnet. Eine Parallelisierung der Rechenoperationen kann nur für die Berechnungen innerhalb eines Schleifendurchlaufs durchgeführt werden. Eine weitere Möglichkeit zur Reduzierung des Rechenaufwands ist die Vermeidung der Berechnung und Speicherung nicht-notwendiger Größen.

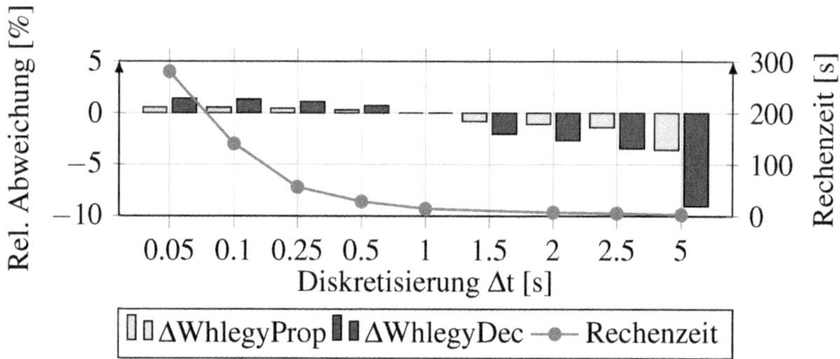

Abbildung 3.12: Vortriebs- und Verzögerungsleistung auf Radebene und Rechenzeit für verschiedene zeitliche Diskretisierungen für einen SP-Hybriden - $\Delta t = 1\ s$ entspricht 100%

Abb. 3.13 und Abb. 3.12 zeigen den Einfluss der zeitlichen Diskretisierung auf die CO_2-Emissionen und die Rechenzeit für eine dynamic programming optimierte Simulation. Hierbei ist zu erkennen, dass eine Diskretisierung von

$\Delta t = 1$ s eine ausreichende Ergebnisgüte aufweist bei gleichzeitig annehmbarer Rechenzeit t_{Sim}. Eine Vergrößerung der Zeitschrittweite $\Delta t > 1$ s führt zu einer deutlichen Vergrößerung des Rechenfehlers bzgl. der notwendigen Antriebsenergie bzw. der möglichen rekuperierbaren negativen Beschleunigung. Dabei wirkt sich der Fehler bzgl. der Verzögerung größer aus, da die Unterschreitung einer definierten Geschwindigkeitsgrenze zu einer Verminderung der rekuperierbaren Energie führt.

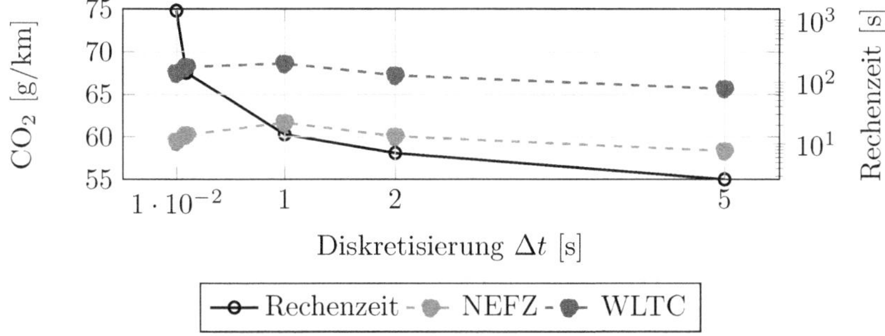

Abbildung 3.13: Berechnete CO_2-Emissionen für NEFZ und WLTC und Rechenzeit über der zeitlichen Diskretisierung für einen SP-Hybriden

Der Zeitpunkt der Unterschreitung wird durch die grobe zeitliche Diskretisierung aufgeweitet. Die Verringerung der Zeitschrittweite $\Delta t < 1$ s führt zu einer leichten Zunahme der Antriebs- und Verzögerungsenergie, wobei diese bei weiterer Verringerung annähernd konstant bleibt. Es zeigt sich deutlich, dass die Rechenzeit durch eine Verringerung der Zeitschrittweite stark ansteigt. Während eine zeitliche Diskretisierung von $\Delta t = 1$ s eine Rechenzeit von ca. 12 s aufweist, führt eine Diskretisierung von $\Delta t = 0,1$ s zu einer Rechenzeit von ca. 150 s. Abb. 3.13 zeigt einen Anstieg der CO_2-Emissionen bis zu einer zeitlichen Diskretisierung von 1 s. Darunter führt die Interpolation zwischen den Zeitschritten zu einer Verringerung der notwendigen Antriebsenergie und resultiert somit in einer Unterschätzung des Verbrauchs. Bei einer feineren Diskretisierung kleiner als 1 s ist die Zunahme der notwendigen Vortriebsenergie nur noch geringfügig. Durch die feinere Zeitschrittweite kann jedoch die optimale Trajektorie genauer ermittelt werden. Eine zeitliche Diskretisierung von 1 s stellt einen guten Kompromiss zwischen einer konservativen Verbrauchsabschätzung und einer kurzen Rechenzeit dar.

Tabelle 3.6: Profiling für die Berechnung eines SP-Hybriden im WLTC - 1. Stufe - DP-optimiert

Bezeichnung	Wert	Einheit
Zykluszeit	1800	s
zeitliche Dikretisierung Δt	1	s
Anzahl serieller Betriebspunkte	5	-
Diskretisierung Momentensplit	0,2	-
Rechenzeit	13,524	s
Echtzeitfaktor θ_E	$7,513 \cdot 10^{-3}$	-

Tab. 3.6 stellt das Profiling bzw. die Zeitmessung für eine Optimierung eines SP-Hybrids im WLTC dar. Für eine Zeitschrittweite von 1 s und einer Diskretisierung der Momentenaufteilung zwischen Verbrennungsmotor und E-Maschine von 0,2 ergibt sich eine Rechenzeit von ca. 13,5 s. Mit einer Dauer von ca. 1800 s für den WLTC liegt der Echtzeitfaktor damit bei 0,0075.

3.6 Quasi-stationäre Simulation ECMS-optimiert

Die sich ergebende Betriebsstrategie des dynamic Programmings als globales Optimum ist prinzipbedingt aufgrund der notwendigen hohen Rechenkapazität nicht bzw. nur bedingt im Betrieb eines Fahrzeugs einsetzbar. Die ECMS hingegen erfordert durch ihre schnelle Entscheidungsfindung mit Hilfe heuristischer Regeln deutlich weniger umfangreiche Berechnungen. Dies ermöglicht deren Umsetzung in Echtzeit und ihren Einsatz in Steuergeräten von Hybrid-Fahrzeugen. Im Folgenden wird der Aufbau einer quasi-stationären Simulationsumgebung mit einer ECMS optimierten Betriebsstrategie erläutert. Der Simulationsansatz ermöglicht durch eine zeiteffiziente Berechnung die Verringerung der zeitlichen Diskretisierung im Vergleich zur ersten Stufe mit Hilfe der Dynamischen Programmierung.

```
% free up memory
clear all
number_of_variables = 50;
% initalize variables a & b of representative size
[a,b] = deal(repmat(ones(18000,1).*...
    (-5:0.1:1),1,1,10));
% start timer
tic
% preallocation of calculated variable
c = zeros(size(a));
% sequential calculation of matrix product
for i = 1:size(a,1)
        % loop over number of different variables
    for j =1:number_of_variables
        c(i,:,:) = a(i,:,:) .* b(i,:,:);
    end
end
% read & save timer value
timerVal = toc;
calctime = timerVal/j;
```

Abbildung 3.14: Minimalbeispiel für die sequentielle Berechnung einer Matrix mit Speichervorbelegung

Die zweite Stufe der entwickelten Toolkette ist ebenso wie die erste Stufe vollständig in der Software MATLAB, der Firma MathWorks®, umgesetzt. Diese bietet den Vorteil einer besonders effizienten Berechnung mithilfe von Matrizen. Durch die Vektorisierung von Größen und der damit verbundenen Parallelisierung der Rechenoperation besteht ein großes Potential zur Reduktion der Rechenzeit.

Der entwickelte Ansatz verfolgt das Ziel, einen großen Teil der Simulationsberechnungen in einem n-dimensionalen Parameterraum zu berechnen und die Notwendigkeit von sequentiellen Berechnungen innerhalb von Schleifen weitestgehend zu vermeiden bzw. zu minimieren. Die Abbildungen 3.14 und 3.15 zeigen jeweils ein Minimalbeispiel für die sequentielle und parallele (vektorisierte) Berechnung. In beiden Fällen wird der Speicher für die Zielvariable c vor deren Beschreibung vorbelegt, um eine inkrementelle Vergrößerung der Variable über die Schleife der sequentiellen Berechnung zu verhindern. Die

```
% free up memory
clear all
% initalize variables a & b of representative size
[a,b] = deal(repmat(ones(18000,1).*...
    (-5:0.1:1),1,1,10));
% start timer
tic
% preallocation of calculated variable
c = zeros(size(a));
% loop over number of different variables
for j =1:number_of_variables
    c = a .* b;
end
% read & save timer value
timerVal = toc;
calctime = timerVal/j;
```

Abbildung 3.15: Minimalbeispiel für die vektorisierte Berechnung einer Matrix mit Speichervorbelegung

Variablen *a* und *b* haben eine repräsentative Größe von [18000 x 60 x 10]. Die erste Dimension repräsentiert dabei die zeitliche Auflösung eines Fahrzyklus (hier: WLTC). Die zweite und dritte Dimension stellen die Drehmomentenaufteilung und beispielsweise die Gang-Auflösung dar. Bei dem in Abbildung 3.14 dargestellten Beispiel wird eine Schleife entlang der ersten (Zeit-) Dimension durchlaufen. Hierbei findet in jedem Schleifendurchlauf eine Parallelisierung der Berechnung entlang der Dimensionen zwei und drei statt. Das in Abbildung 3.15 gezeigte Beispiel führt die Berechnung parallelisiert durch. D.h. die Berechnung aller Matrizeneinträge werden parallel durchgeführt, wodurch die parallelisierte Berechnung keine Schleife benötigt und dadurch deutlich zeiteffizienter abläuft. In Abbildung 3.16 ist eine Variation der Anzahl zu berechnender Variablen gezeigt. Hierbei sind die Vorteile der Parallelisierung deutlich zu erkennen. Beide Varianten steigen linear mit der Anzahl der zu berechnenden Variablen. Die sequentielle Berechnung weist jedoch eine deutlich höhere Steigung auf. Bei einer hundertfachen Ausführung der Rechenoperation benötigt die sequentielle Berechnung > 30 s, während die parallele Berechnung lediglich 1,4 s benötigt. Die geringere Rechenzeit der parallelisierten Berechnung begründet sich in der Aufteilung der Arbeitslast. Während die sequentielle Berechnung alle Rechnungen auf einer Recheneinheit nacheinander ausführt, wird die Last bei der parallelisierten Berechnung auf mehrere Prozessoren oder

Threads aufgeteilt. Diese können somit gleichzeitig arbeiten und damit die Gesamtrechenzeit reduzieren.

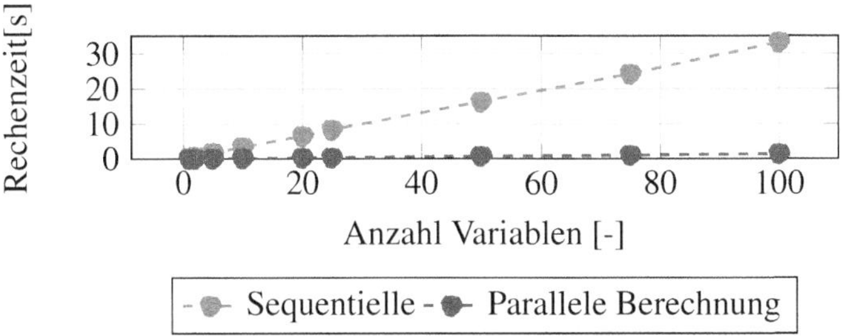

Abbildung 3.16: Gesamtrechenzeit für die gezeigten Minimalbeispiele für sequentielle und parallele Berechnung

Die Umsetzung und der prinzipielle Ablauf der ECMS-optimierten Berechnung ist in Abbildung 3.17 dargestellt.

In einem ersten Schritt der Berechnung wird ein n-dimensionaler Parameterraum aufgespannt, der die Diskretisierungen der Regelparameter enthält. Die erste Dimension der Matrix beinhaltet dabei den Zeitvektor vom Zeitschritt 0 bis t_{end}. Am Beispiel des P2-Hybriden bilden die verschiedenen Gänge des Stufengetriebes und der Drehmomentensplit zwischen den Antriebsaggregaten die Dimensionen zwei und drei. Entlang des quasi-stationären Simulationsansatzes werden die n-dimensionalen Matrizen für Drehzahl, Drehmoment und Leistung vom Rad bis zu den Antriebsaggregaten berechnet. Anschließend erfolgt in einer Schleife über die Zeitschritte die Auffindung der optimalen Trajektorie durch den Parameterraum mittels der in Kapitel 2.6.6 beschriebenen *Equivalent Consumption Minimization Strategy*. Zudem werden die Leistung, der Storm und die Spannung der Batterie innerhalb des Kostenfunktionsskripts berechnet und daraus der SoC-Verlauf abgebildet. Somit kann auch die SoC-Abhängigkeit des Innenwiderstands R_i und der Leerlaufspannung U_{OCV} in die Berechnung einbezogen werden. Die Berechnung der Kostenfunktion innerhalb der zeitschrittbasierten Schleife bietet dazu den Vorteil, betriebsstrategische Strafkosten applizieren zu können oder andere Eingriffe in die Betriebsstrategie vorzunehmen. Dadurch können bspw. zeitliche Hysteresen oder Schwellwerte, die einem Leistungsäquivalent entsprechen, für das An- oder Ausschalten des

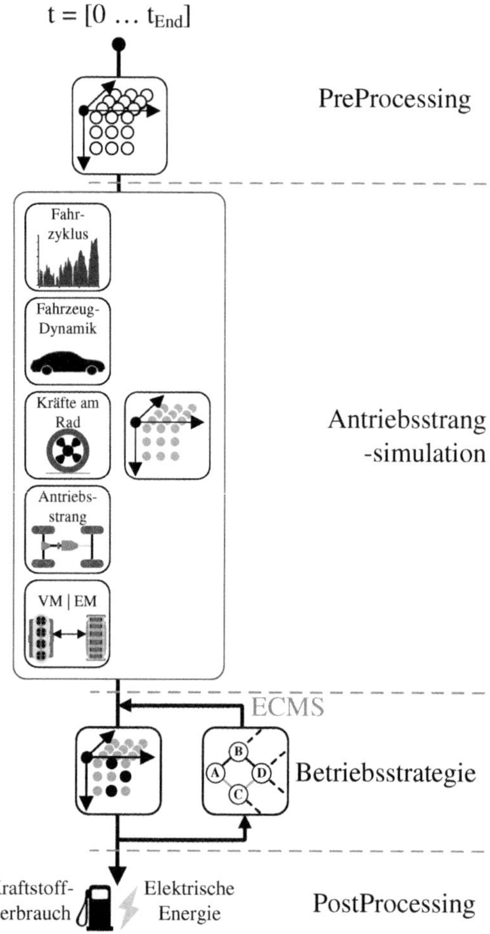

Abbildung 3.17: Vereinfachter Simulationsablaufs mit Hilfe einer vektorisierten Vorausberechnung und einer ECMS-Betriebsstrategie

Verbrennungsmotors appliziert werden um einen häufigen Wechsel zwischen den Betriebsmodi zu vermeiden. Wird neben der Drehmomentenaufteilung auch die Gangwahl optimiert, können durch applikative Strafkosten ebenso häufige

Gangwechsel vermieden werden. Eine beispielhafte Applikation der Strafkosten ist in Tabelle 3.7 gegeben. Somit können Maßnahmen zur Sicherstellung der Fahrbarkeit und Komfortanforderungen berücksichtigt werden.

Tabelle 3.7: Beispielhafte Bedatung der applikativen Strafkosten

Applikative Strafkosten	Wert	Einheit
Verbrennungsmotor an (/aus)	5000	W
zeitliche Hysterese Verbrennungsmotor (an/) aus	5	s
Gang-Wechsel	200	W
Betriebsmodus-Wechsel	500	W
Änderung Betriebspunkt	100	W

Ein weiterer Vorteil des entwickelten Ansatzes ergibt sich bzgl. des iterativen Ausgleichs des SoC. Unter der Bedingung des *charge sustaining* Modus, wird die Differenz zwischen Start- und End-SoC über mehrere Durchläufe der Berechnung ausgeglichen. Gleichermaßen können bspw. Zertifizierungsrechnungen für PHEV durchgeführt werden, bei denen zunächst eine bestimmte Anzahl an Entlade-Zyklen (*charge depleting*) gefahren werden und anschließend Ladeerhaltungs-Zyklen folgen. Im Gegensatz zu einer vollständig sequentiell berechneten Simulation, wird die Simulationsberechnung im entwickelten Ansatz nicht erneut ausgeführt. Lediglich die zeitschrittbasierte Schleife über die Betriebsstrategie wird durch die Iteration mehrmals durchlaufen ohne die Fahrzeugsimulation erneut berechnen zu müssen, da alle Betriebszustände über der Zeit bereits bekannt sind.

Da die ECMS zu keinem vollständigen Ausgleich des SoC führt, wird eine Differenz ΔSoC definiert, die als ausreichend gering betrachtet wird und deren Unterschreitung zur Beendigung der Iterationen führt. Um den so entstehenden Fehler zu reduzieren, wird die Ladungsdifferenz der letzten Iteration mit Hilfe von Gl. 3.15 in ein Verbrauchsäquivalent umgerechnet und auf die berechneten CO_2-Emissionen addiert.

$$CO_{2,\Delta SoC} = \frac{\Delta SoC \cdot C_{Batterie}}{\overline{\eta_{Bat}} \cdot \overline{\eta_{Edr}}} \qquad \text{Gl. 3.15}$$

Da die Anzahl der Iterationsrechnungen starken Einfluss auf die Anzahl an Rechenoperationen und die Rechenzeit hat, muss diese möglichst minimiert werden. Die Iterationen werden so ausgeführt, dass der End-SoC des vorherigen Iterationsschrittes j als Start-SoC der folgenden Iteration verwendet wird.

$$SoC_{Start}(j+1) = SoC_{Ende}(j) \qquad \text{Gl. 3.16}$$

Durch die Erweiterung von Gl. 3.16 um den Relaxationsfaktor r kann beeinflußt werden, wie stark sich die Differenz zwischen $SoC_{Ende}(j)$ und $SoC_{Start}(j)$ auf den $SoC_{Start}(j+1)$ auswirkt.

$$SoC_{Start}(j+1) = SoC_{Start}(j) + r \cdot (SoC_{Ende}(j) - SoC_{Start}(j))^j \qquad \text{Gl. 3.17}$$

D.h. wird ein Iterationsdurchlauf mit einem höheren Ladezustand beendet, als er gestartet wurde, wird der SoC zu Beginn des nächsten Iterationsschritts um die Differenz erhöht. Endet ein Durchlauf mit einem niedrigeren SoC als er gestartet wurde, wird der Start-SoC des folgenden Durchlaufs herabgesetzt, um die Betriebsstrategie zu einem früheren Zeitpunkt zum Nachladen zu forcieren.

Wie in Kapitel 2.6.6 beschrieben, stellt die Regelung des s-Wertes auf Basis des SoC eine robuste und rechenzeiteffiziente Methode zur Adaption des s-Wertes dar und eignet sich gut für das Auffinden lokaler Optima nahe dem globalen Optimum. Im Rahmen dieser Arbeit wird die Berechnung des Äquivalenzfaktors s über einen PI-Regler verwendet. Der s-Wert zum Zeitpunkt t berechnet sich damit nach

$$\begin{aligned} s_{cha}(SoC,t) = s_{0,cha} &+ K_p \cdot (SoC_{ref} - SoC(t)) \\ &+ K_I \cdot \int_{t_0}^{t} (SoC_{ref} - SoC(t))dt. \qquad \text{Gl. 3.18} \end{aligned}$$

$$s_{dis}(SoC,t) = s_{0,dis} + K_p \cdot (SoC_{ref} - SoC(t)) + K_I \cdot \int_{t_0}^{t} (SoC_{ref} - SoC(t))dt. \quad \text{Gl. 3.19}$$

Durch Verwendung eines PI-Reglers ergeben sich mit den Faktoren des Start-s-Werts s_0, sowohl für Batterie-Entladephasen s_0, dis und Ladephasen s_0, cha als auch des Proportionalglieds K_p und des Integralglieds K_I drei bzw. vier Applikationsparameter. Diese müssen zur Auffindung einer lokal optimalen Lösungs-Trajektorie nahe dem globalen Optimum abgestimmt werden.

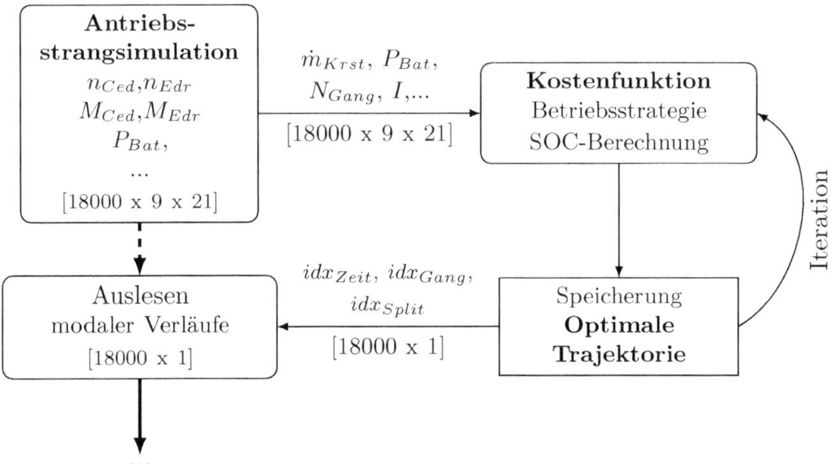

Abbildung 3.18: Darstellung der iterativen Berechnung der Betriebsstrategie im Rahmen der Antriebsstrangsimulation für einen P2-Hybrid

Nach Aufruf der Kostenfunktion und den Iterationsdurchläufen zur Darstellung der SoC-Ausgeglichenheit, wird die optimale Trajektorie durch den Regelgrößenparameterraum in Form der Matrizen-Indizes, wie in Abb. 3.18 dargestellt, an das Berechnungsskript zurückgegeben. Mit Hilfe der Indizies wird dann der modale Verlauf relevanter Größen aus den vorausberechneten Matrizen gelesen. Tabelle 3.8 zeigt das Profiling für die Simulation und Optimierung eines SP-Hybriden im WLTC. Dabei wird unterschieden zwischen der Berechnung lediglich einer Iteration, die im spezifischen Beispiel nicht zu einem ausgeglichenen SoC führt und einer vollständigen Iteration des SoC bis zum Erreichen der ausgeglichenen Ladungsbilanz ΔSoC. Von einem ausgeglichenen SoC wird hierbei ausgegangen, wenn $\Delta SoC \leq 0,5\%$ ist.

Tabelle 3.8: Profiling für die Berechnung eines SP-Hybriden im WLTC - 2. Stufe - ECMS optimiert

Bezeichnung	Wert 1 Iteration	Wert ΔSoC ≈ 0	Einheit
Zykluszeit	1800		s
zeitliche Dikretisierung Δt	0,1		s
Anzahl serieller Betriebspunkte	10		-
Diskretisierung Momentensplit	0,1		-
Anzahl Iterationen	1	3	-
Rechenzeit	12,3	23,4	s
Echtzeitfaktor θ_E	$6,8 \cdot 10^{-3}$	0,013	-

Dabei beinhalten die gemessenen Rechenzeiten für die verschiedenen Anzahlen an Iterationen sowohl die Berechnung des Simulationsskripts, wie in Abbildung 3.17 dargestellt, als auch das Post-Processing der berechneten Matrizen. Mit einer Rechenzeit von 12,3 s zeigt der Simulationsansatz mit einer Iterationen einen ähnlichen Echtzeitfaktor θ_E, wie das Profiling der DP-optimierten Berechnung in Tabelle 3.6. Dabei ist zu beachten, dass sowohl die zeitliche als auch die Diskretisierung der Regelparameter deutlich niedriger und der damit zu berechnende Parameterraum größer ist. Der Berechnungsdurchlauf mit einer bezüglich der Ladungsbilanz voll ausgeglichenen Simulation benötigt im gezeigten Beispiel drei Iterationsdurchläufe. Wie Tabelle 3.9 zeigt, werden pro Iterationsschleife für die Berechnung der Betriebsstrategie ca. 5 s benötigt. Durch die notwendige mehrmalige Berechnung der SoC-Iteration ergeben sich im Regelfall bis maximal vier Durchläufe. Die Anzahl der notwendigen Iterationen ist dabei stark abhängig von den ECMS-Applikationsparametern und vor allem dem gewählten Start-SoC. Durch das zuvor beschriebene Verfahren unter Anwendung des Relaxationsfaktors wird ein ausgeglichener SoC in den meisten Fällen mit zwei bis drei Durchläufen erzielt. Die Berechnungszeit der

Betriebsstrategie steigt linear mit der Anzahl an Iterationen, so dass eine genaue Abstimmung der Parameter die Berechnungszeit effizient reduzieren kann.

Tabelle 3.9: Profiling für die Durchführung der Funktionen im Simulationsdurchlauf – WLTC (nach Bedatung Tabelle 3.8)

Skript	Berechnungsdauer in [s]
Pre-Processing	≤ 1
Antriebsstrangberechnung	7,5
Betriebsstrategie eine Iteration	5
Post-Processing	≤ 1
Gesamtrechenzeit 3 Iterationen	24

3.7 Dynamische Co-Simulation ECMS-optimiert

Die dritte Simulationsstufe ist mit Hilfe eines dynamischen Vorwärtssimulationsansatzes umgesetzt. Das Simulationsmodell besteht dabei aus zwei übergeordneten Subsystemen, dem Fahrzeugmodell, das u.a. auch die Komponentenmodelle enthält und der Betriebsstrategie. Das physikalische Fahrzeugmodell ist dabei in der Software GT-Suite der Firma Gamma Technologies umgesetzt und bietet eine umfassende kommerzielle Lösung für die Modellierung und Simulationen von Fahrzeugantriebssystemen. Die Software bietet eine breite Bibliothek an physikalischen Modellen aber auch eine Vielzahl an numerischen Methoden zur Erstellung eigener Komponentenmodelle. Die Betriebsstrategie bzw. das Regelungssystem nutzt die grafische Programmierumgebung von MATLAB/Simulink. Beide Subsysteme werden in einer Co-Simulation gekoppelt und weisen somit die Parallele zur Umsetzung im Fahrzeug zwischen Steuergerät und dem Fahrzeug selbst auf.

Im Anwendungsfall der Simulationsrechnung wird das Fahrzeugmodell als *Master* ausgeführt, die Betriebsstrategie wird dementsprechend als *Slave* umge-

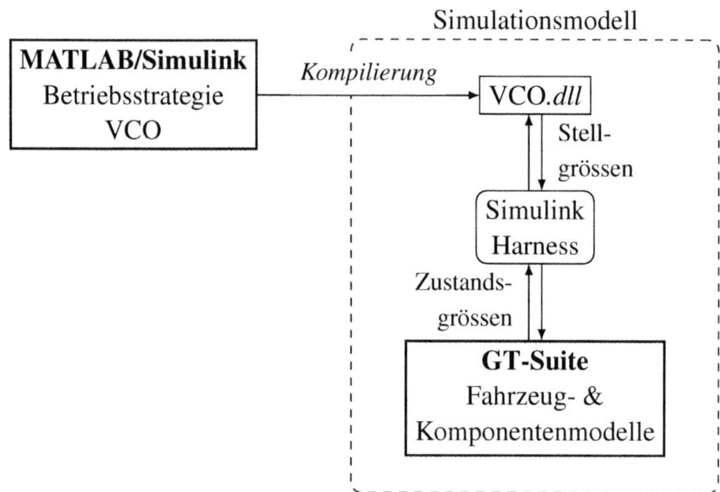

Abbildung 3.19: Co-Simulationsumgebung der dritten Stufe

setzt. D.h. die Betriebsstrategie wird von der Fahrzeugsimulation als Black-Box Modell aufgerufen. Hierzu wird diese in C-Code kompiliert und über ein *.dll* File durch das Fahrzeugmodell ausgeführt. Als Kommunikationsschnittstelle zwischen den Simulationsumgebungen dient die in Abbildung 3.19 dargestellte *Simulink Harness*, die die zeitliche Synchronisierung und das Kommunikationsintervall zwischen den Modulen steuert und den Austausch der Variablen und Signale sicherstellt.

Wie in Abbildung 3.20 dargestellt, besteht das Fahrzeugmodell der dynamischen Simulation aus einzelnen Komponentenmodellen. Dabei übernimmt die „*vehicle control unit*" die Drehmomentenkoordinierung an die Antriebsaggregate und damit die Leistungsverteilung zwischen dem Verbrennungsmotor und den elektrischen Maschinen. Das Modul des Fahrerreglers beinhaltet die Fahranforderung und setzt diese mittels eines PI-Reglers im Abgleich zwischen Ist- und Sollgeschwindigkeit um. Das Getriebe bietet definierte (mechanische) Schnittstellen zu den Antriebskomponenten und definiert somit die Topologie bzw. Architektur des Antriebsstrangs. Innerhalb des Getriebes befindet sich die Getriebesteuerung, die analog der Fahrzeugsteuerung im Rahmen einer Co-Simulation umgesetzt ist. Wie auch das Getriebe sind alle weiteren

Komponenten mit fest definierte Schnittstellen ausgestattet. Dies ermöglicht ein einfaches Austauschen der Komponenten. Die Komponentenmodelle von E-Maschinen, Batterie und Verbrennungsmotor sind in verschiedenen Detaillierungsstufen ausgeführt. So ist es möglich sowohl Kennfeld-Modelle als auch teil-physikalische Modelle zu verwenden.

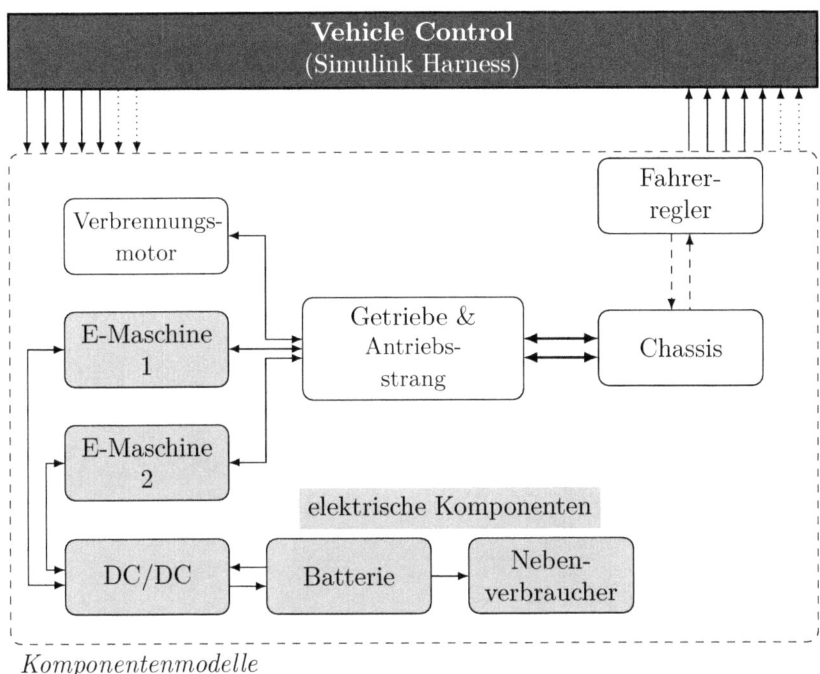

Abbildung 3.20: Simulationsmodell der dritten Stufe und verwendete Submodelle am Beispiel eines Zwei-E-Maschinen Konzepts

Tab. 3.10 zeigt die Zeitmessung der dynamischen Simulation am Beispiel des SP-Hybriden entsprechend Tab. 3.9. Hierbei ist zu erkennen, dass sowohl die zeitliche Diskretisierung als auch die Diskretisierung der Regelparameter feiner ist. Ebenso lässt sich erkennen, dass die Rechenzeit und somit auch der Echtzeitfaktor θ_E im Vergleich zu den quasi-stationären Ansätzen deutlich höher liegt. Mit ca. 5 min für einen Iterationsdurchlauf im WLTC weist die dynamische Simulation einen vielfach höheren rechnerischen Aufwand auf. Weist der erste

Simulationsdurchlauf keinen ausgeglichenen SoC auf, erfolgt im Folgenden eine vollständige Neuberechnung des Simulationsmodells. Hierbei wird entsprechend, wie in Kapitel 3.6 beschrieben, der Start-SoC des Folgedurchlaufs gesetzt.

Tabelle 3.10: Profiling für die Berechnung eines SP-Hybriden im WLTC - 3. Stufe - ECMS optimiert

Bezeichnung	Wert 1 Iteration	Wert ΔSoC ≈ 0	Einheit
Zykluszeit	1800		s
zeitliche Dikretisierung Δt	0,1 - 0,001		s
Anzahl serieller Betriebspunkte	50		-
Diskretisierung Momentensplit	0,1		-
Anzahl Iterationen	1	3	-
Rechenzeit	300	900	s
Echtzeitfaktor θ_E	0,167	0,5	-

3.8 Betriebsstrategiebedatung

Wie bereits in Kapitel 2.6.6 beschrieben, bedingt die Verwendung der ECMS als Betriebsstrategie in einem elektrifizierten Antriebsstrang eine Applikation der Betriebsstrategieparameter. Hierunter fallen sowohl die Parameter zur Berechnung des momentanen s-Wertes, als auch die Bedatung weiterer betriebsstrategischer Eingriffe. Dies bietet die Möglichkeit Betriebseinschränkungen zu berücksichtigen. D.h. es können bestimmt Einschränkungen oder Bedingungen in die Optimierung einbezogen werden. Durch die Flexibilität bei der Formulierung der Kostenfunktion der ECMS, ist es möglich, spezifische Ziele wie bspw. die Erweiterung der Batterielebensdauer über applikative Strafkosten zu berücksichtigen. Am häufigsten finden applikative Strafkosten Anwendung in der Abstimmung des Betriebsverhaltens des Fahrzeugs. Durch die Erhöhung oder Reduzierung der Kosten können verschiedene Betriebszustände begünstigt oder vermieden werden. Die kann bspw. genutzt werden, um den Verbrennungsmotor möglichst stationär zu betreiben und häufige Betriebspunktwechsel zu vermeiden.

3.8.1 Schaltstrategie

Neben der Optimierung der Lastaufteilung zwischen den Antriebsaggregaten, kann auch die Schaltstrategie optimiert werden. In Serienfahrzeugen wird diese durch Schaltpunktkennfelder oder Kennlinien umgesetzt. Abhängig von beispielsweise Fahrzeuggeschwindigkeit und Fahrpedalstellung wird ein Hoch- oder Herunterschalten durch das Steuergerät initiiert. Um einen häufigen Wechsel zwischen benachbarten Gängen zu vermeiden, werden Hysteresen hinterlegt.

Schaltkostenkostenmatrix (t+1) [W]

	Gang 1	Gang 2	Gang 3	Gang 4	Gang 5	Gang 6	Gang ...
tq Split -1	Inf	Inf	200	0	Inf	Inf	Inf
tq Split -0.5	Inf	200	200	0	200	200	Inf
tq Split 0	Inf	200	200	0	200	200	Inf
tq Split 0.5	Inf	Inf	200	0	200	Inf	Inf
tq Split 1	Inf	Inf	Inf	Inf	Inf	Inf	Inf

aktueller Split (t)

aktueller Gang (t)

Abbildung 3.21: Applikative Strafkosten für Gangwechsel

Innerhalb der Betriebsstrategie wird ein zu häufiges Schalten durch applikative Strafkosten unterbunden. Eine solche Umsetzung ist in Abbildung 3.21 dargestellt. Hier wird der aktuelle Gang nicht zusätzlich mit Strafkosten belegt. Um in einen anderen Gang zu wechseln, muss dieser bzgl. der Kosten mindestens um die applizierten Schaltkosten geringer sein. In Kombination mit der Betriebspunktmatix ergeben sich auch Betriebspunkte, die möglicherweise in einer Verletzung der Betriebsgrenze einer oder mehrerer Komponente resultieren. Diese Betriebspunkte werden mit sehr hohen Strafkosten belegt, um sicher zu stellen, dass diese von der Betriebsstrategie nicht ausgewählt werden. In Abbildung 3.21 sind diese als „Inf" (engl.:*infeasable*) gekennzeichnet. Je nach Art des Getriebes können die Strafkosten unterschiedlich ausgeführt werden. So wird eine Änderung der Übersetzung eines Planetengetriebes nicht bzw. nur geringfügig bestraft, während der Wechsel einer Gangstufe eines Stufengetriebes mit erhöhten Kosten verbunden ist.

3.8.2 Verbrennerstart und Betriebsartenwechsel

Neben den applikativen Schaltkosten werden ebenso Strafkosten für das Zu-/Abschalten des Verbrennungsmotors appliziert. Diese sollen verhindern, dass der Verbrennungsmotor zu häufig zugestartet oder abgeschaltet wird. Diese sind weiterhin mit einem zeitlichen Schwellenwert verbunden, um eine Mindestlaufzeit des Verbrennungsmotors sicherzustellen. Abbildung 3.22 zeigt beispielhafte Strafkosten für den Zustart des Verbrennungsmotors. Bei einem aktuellen Drehmomentensplit von 0 befindet sich das Fahrzeug zum Zeitpunkt t im rein elektrischen Betriebsmodus. Soll der elektrische Betrieb im Zeitschritt t+1 verlassen werden und der Verbrennungsmotor zugestartet werden, werden auf alle Drehmomentensplits $\neq 0$ Strafkosten in Höhe von 5000 W addiert. D.h. der Betriebspunkt in der Matrix wird in Richtung des Drehmomentensplits nur geändert, wenn die entsprechenden Betriebspunkte einen Verbrauchsvorteil > 5000 W aufweisen. Für Konzepte mit mehreren E-Maschinen wird die Matrix in Richtung des zweiten Drehmomentensplits erweitert. Dies ermöglicht beispielsweise beim SP-Hybrid den Start in den parallelen Modus, in den seriellen Modus oder den konventionellen Modus entsprechend mit Schwellwerten zu versehen. Weiterhin werden Strafkosten für den Wechsel zwischen dem parallelen/konventionellem Modus und dem seriellen Betrieb umgesetzt, um ein häufiges Öffnen oder Schließen der Kupplung zu vermeiden.

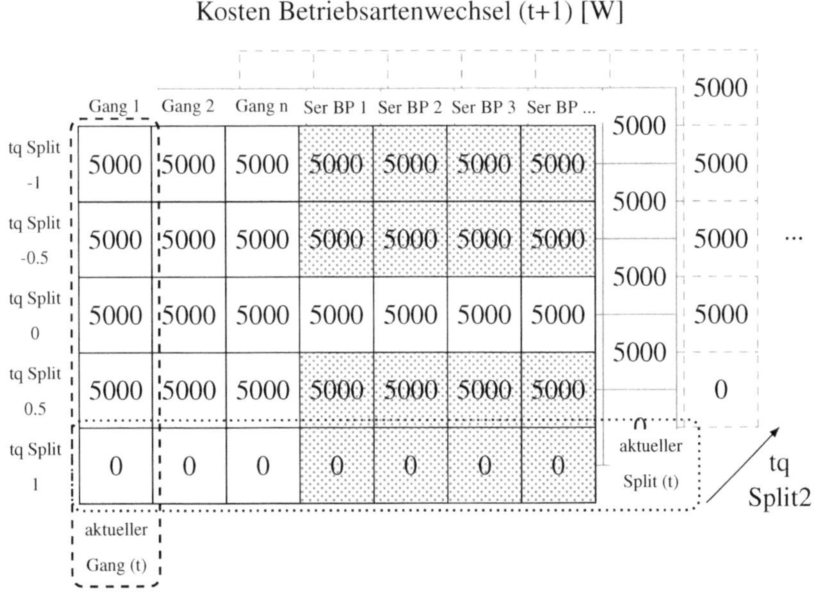

Abbildung 3.22: Vereinfachte Darstellung der applikativen Strafkosten für Betriebsartenwechsel bzw. Verbrennerzustart

4 Modellvalidierung

Die Validierung von Simulationmodellen ist ein wesentlicher Schritt bei der Entwicklung und Optimierung selbiger. Insbesondere bei quasi-stationären Simulationen, bei denen Annahmen über stationäre Betriebsbedingungen getroffen werden, besteht die Herausforderung darin, sicherzustellen, dass die Annahmen realitätsnah sind und die Simulationsergebnisse das tatsächliche Systemverhalten mit einer geforderten Genauigkeit wiedergeben. Eine effektive Methode zur Validierung von quasi-stationären Simulationen besteht darin, dynamische Simulationsmodelle heranzuziehen. Um die Eignung des entwickelten Ansatzes zur Bewertung verschiedener Hybridantriebsstrangkonfigurationen validieren zu können, werden die verwendeten Modelle in ihren verschiedenen Stufen verglichen und analysiert. Da die dynamische Vorwärtsssimulation aus umfangreich verifizierten und validierten (Komponenten-)modellen besteht und auch im Rahmen von Gesamtfahrzeugsimulationen mit Messungen validiert wurde, wird diese als Referenz verwendet, um die Modell- und Ergebnisgüte der niedergranulareren Modelle zu bewerten.

Der Vergleich wird dabei zu der nächsthöheren Detaillierungsstufe durchgeführt. Zum einen wird der Vergleich zwischen der DP-optimierten Stufe und der ECMS-optimierten quasistationären Ansatzen durchgeführt. Dabei liegt das Hauptaugenmerk auf der physikalischen Modellierung. Auf einen direkten Vergleich der DP-optimierten quasi-stationären mit der ECMS-optimierten dynamischen Simulation wird an dieser Stelle verzichtet, da eine eindeutige Zuordnung verschiedener Effekte aufgrund der verschiedenartigen Ansätze nur bedingt möglich ist. Beim Vergleich der ECMS-geführten quasi-stationären und dynamischen Simulationen werden sowohl die physikalische Modellierung als auch die Betriebsstrategieführung bewertet und die prinzipbedingten Unterschiede analysiert.

R. G. Kleisch, *Modellbasierter Ansatz zur Ermittlung optimaler Hybrid-Antriebsstrangkonfigurationen unter Anwendung verschiedener Optimierungsalgorithmen*,
Wissenschaftliche Reihe Fahrzeugtechnik Universität Stuttgart,
https://doi.org/10.1007/978-3-658-47637-3_4

4.1 Validierung ECMS-optimierter Simulationsansätze

Im Folgenden werden die Modelle bzw. Simulationsergebnisse der quasistationären Rückwärtssimulation mit der dynamischen Vorwärtssimulation verglichen und bewertet. Bei den (Teil-) Modellen der dynamischen Vorwärtssimulation handelt es sich um Komponentenmodelle, die im Rahmen von Komponenten- oder Gesamtfahrzeugmessungen verifiziert und validiert wurden.

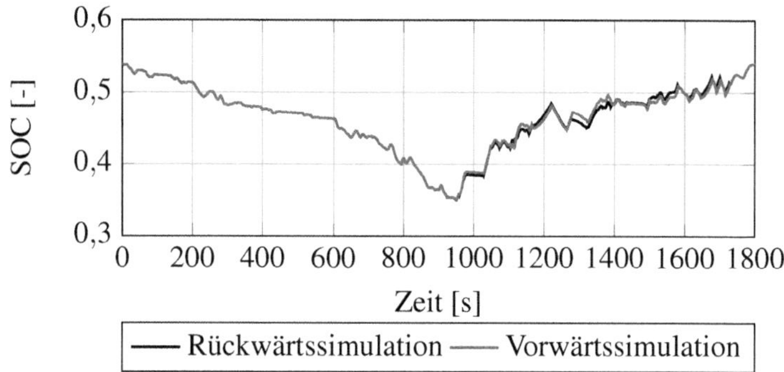

Abbildung 4.1: Vergleich der SoC-Verläufe für einen SP-Hybrid im WLTC zwischen quasi-stationärem und dynamischen Simulationsansatz

Abbildung 4.1 zeigt den SoC-Verlauf der ersten Iteration eines SP-Hybrids im WLTC. Beide Modelle starten mit einem Ladezustand von 55 %. Es zeigt sich, dass sich bis ca. 975 s ein nahezu identischer SoC-Verlauf ergibt. Sowohl die Rückwärts- als auch die Vorwärtssimulation entscheiden sich bis zu diesem Zeitschritt für einen rein elektrischen Vortrieb des Fahrzeugs. Weiterhin lässt sich aus dem gut übereinstimmenden SoC-Verlauf schließen, dass zum einen die Leistung am Rad als auch die Wirkungsgradkette des Antriebsstrangs mit einer hohen Genauigkeit abbgebildet werden können. Ebenso werden die Verlustleistungen des elektrischen Pfades einschließlich Batterie, E-Maschine und Leistungselektronik mit hoher Genauigkeit wiedergegeben.

Wie auch in Abbildung 4.2 zu erkennen, starten beide Simulationen den Verbrennungsmotor bei ca. 975 s. Durch den Zustart des Verbrennungsmotors entsteht eine geringfügige Abweichung im SoC-Verlauf zwischen quasistationärer und dynamischer Simulation. Dieser begründet sich zum einen in der zum Start des Verbrennungsmotors notwendigen Energie, als auch den eingestellten Betriebspunkten durch die Betriebsstrategie. Anhand der eingestellten seriellen Betriebspunkte im Bereich zwischen 975 und ca. 1150 s ist zu erkennen, dass die quasistationäre Simulation einen stationären Betriebspunkt einstellt, während die dynamische Simulation zunächst für den Zustart des Verbrennungsmotors einen höheren Verbrauch aufgrund einer erhöhten Drehzahl einstellt, die dann leicht abfällt. Dennoch stimmen sowohl die Zeitpunkte der Verbrennerstarts als auch die zeitlichen Anteile der seriellen Nachladephasen mit hoher Güte überein. Ebenso zeigt sich, dass die Betriebsstrategien in beiden Fällen ähnliche Phasen des Zyklus für den parallelen Betriebsmodus wählen. Sowohl die Rückwärts- als auch die Vorwärtssimulation treiben das Fahrzeug sowohl zwischen ca. 1150 s und 1350 s als auch zwischen 1500 s und 1750 s weitestgehend parallel an. Hierbei ist auch zu erkennen, dass beide Simulationsansätze ein ähnliches Lastprofil am Verbrennungsmotor stellen.

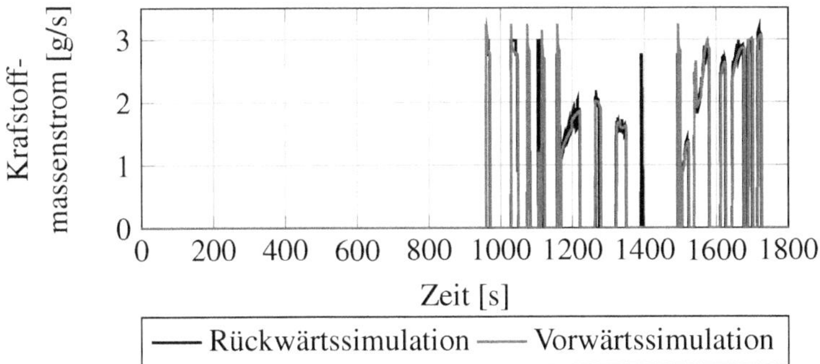

Abbildung 4.2: Vergleich des Kraftstoffmassenstroms für einen SP-Hybrid im WLTP

Vor allem in den Bereichen des parallelen Betriebsmodus wird ersichtlich, dass die eingestellte Last am Verbrennungsmotor innerhalb der quasistationären Simulation Schwankungen unterliegt. Wohingegen die dynamische Simulation ein deutlich stetigeren Verlauf des Kraftstoffverbrauchs aufweist. Abbildung 4.4 zeigt eine detaillierte Darstellung des unstetigen Verlaufs des Kraftstoffverbrauchs am Beispiel eines P2-Hybrids. Dies begründet sich in der direkten

Abhängigkeit des Drehmoments von der Radlast. Durch die Definition der Last am Verbrennungsmotor nach Gl. 3.9 als

$$M_{Ced}(t) = i_{Whl-Ced} \cdot M_{Whl}(t) \cdot (1 - \psi_{Split}) \qquad \text{Gl. 4.1}$$

ergeben sich die Schwankungen des Raddrehmoments ebenso am Verbrennungsmotor als auch an der E-Maschine nach Gl. 3.2. Bei der dynamischen Simulation sind die Betriebspunkte im Kennfeld des Verbrennungsmotors in der VCO diskret definiert. Die Betriebsstrategie definiert zunächst nach Wunschmoment am Rad einen Betriebspunkt im Kennfeld des Verbrennungsmotors, der dann an das Komponentenmodell als Wunschmoment übergeben wird. Die Differenz der Leistungen aus Fahrerwunsch und Verbrennungsmotor, wird - für einen P2-Hybriden - dann über die E-Maschine gestellt. Abbildung 4.3 zeigt den Vergleich des Kraftstoffmassenstorms für einen P2-Hybriden im WLTC. Auch hier ist zu erkennen, dass die dynamische und die quasistationäre Simulation eine hohe Übereinstimmung des qualitativen Verlaufs aufweist. Ebenso wie beim SP-Hybriden ergibt sich eine hohe Überdeckung der Phasen eines eingeschalteten Verbrennungsmotors.

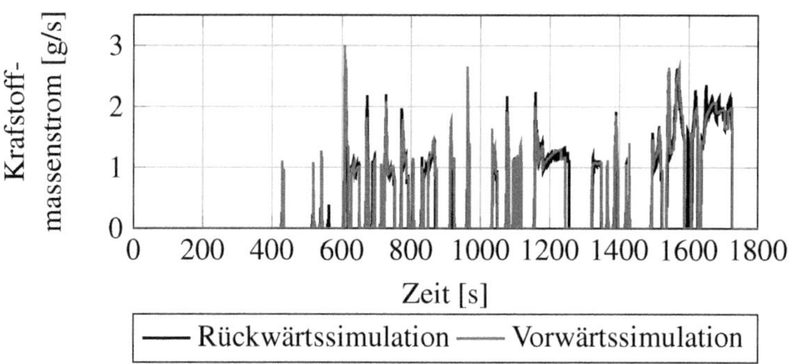

Abbildung 4.3: Vergleich des Kraftstoffmassenstroms für einen P2-Hybrid im WLTP

Abbildung 4.5 zeigt den zugehörigen SoC-Verlauf zu den in Abbildung 4.3 und Abbildung 4.4 dargestellten Verläufen des Kraftstoffmassenstroms. Hierbei handelt es sich um den letzten Iterationsschritt beider Simulationsanansätze, weshalb diese einen leicht unterschiedlichen Start-SoC aufweisen.

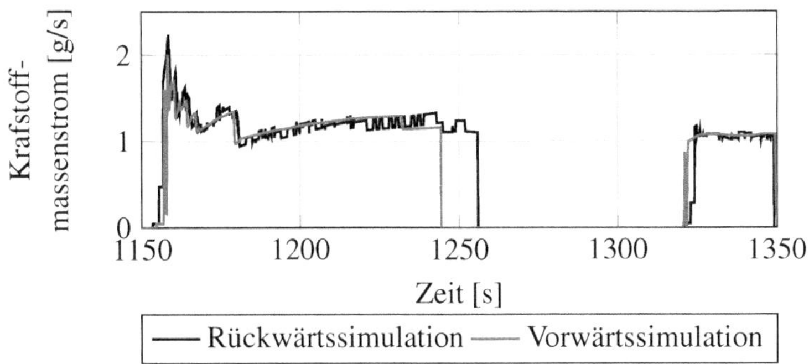

Abbildung 4.4: Detaildarstellung des Kraftstoffmassenstroms für einen P2-Hybrid im WLTP

Es zeigt sich, dass sich trotz der anfänglichen SoC-Differenz in der Anfangsphase des Zyklus bis ca. 700 s ein paralleler Verlauf des Ladezustands ergibt. Besonders im Bereich um 850 s kommt es zu höheren Abweichungen zwischen den Simulationen. Während die Vorwärtssimulation den Verbrennungsmotor kurzzeitig ausschaltet, entscheidet sich die Betriebsstrategie der Rückwärtssimulation diesen eingeschaltet zu lassen und ihn zum Vortrieb des Fahrzeugs bzw. zum Laden der Batterie zu nutzen. Diese unterschiedlichen Entscheidungen führen im folgenden Verlauf zu sich unterscheidenden SoC-Verläufen. Durch die leicht abweichenden Ladezustände der Batterie kommt es sowohl zu Unterschieden in dem sich ergebenden Innenwiderstand der Batterie, als auch zu leichten Abweichungen der s-Werte und damit zu einer sich unterscheidenden Gewichtung der elektrischen Leistung durch den Äquivalenzfaktor. Trotz der phasenweise abweichenden SoC-Verläufe, zeigt sich im Verlauf des Kraftstoffmassenstroms und somit auch im Verbrauch, eine sehr hohe Übereinstimmung. Für die Darstellung des Kraftstoffmassenstroms und SoC-Verlaufs für einen PS-Hybrid sei auf Abb. A1.1 und A1.2 verwiesen.

Abbildung 4.6 zeigt die Wahl der verschiedenen Betriebsmodi beider Simulationsansätze für einen SP-Hybriden im WLTC. Es zeigt sich, dass beide Ansätze ähnliche Phasen des Zyklus rein elektrisch fahren bzw. den Verbrennungsmotor zuschalten. Auch die Phasen, in denen die Betriebsstrategie das serielle Nachladen bevorzugt, werden sehr ähnlich gewählt. Weiterhin ist zu erkennen, dass

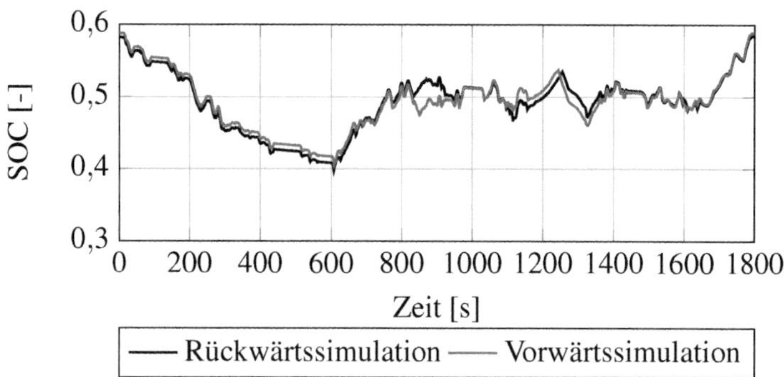

Abbildung 4.5: Vergleich der SoC-Verläufe für einen P2 im WLTP

sowohl die dynamische als auch die quasi-stationäre Simulation vorzugsweise die Lastpunktanhebung betreiben. Die Lastpunktabsenkung findet bei beiden Ansätzen lediglich für einige Sekunden im letzten Teil des Zyklus statt. Der rein verbrennungsmotorische Betrieb wird in beiden Fällen nicht eingesetzt.

Neben der bereits erwähnten Abhängigkeit der Leistungen an Verbrennungsmotor und E-Maschine(n) bei der Rückwärtssimulation und der damit einhergehenden Unterschiede bzgl. der Berechnung der Kraftstoffleistung und der elektrischen Leistung zwischen quasistationärer und dynamschiner Simulation, führt ebenso die Definition der elektrischen Leistung innerhalb der Kostenfunktion zu einer unterschiedlichen Betriebsführung. Der rückwärtsgerichtete Simulationsansatz bezieht zur Berechnung der Äquivalenzleistung sowohl die Verlustleistungen an der E-Maschine als auch an der Leistungselektronik und der Batterie mit ein. Der dynamische Ansatz hingegen "kennt-nur die Verluste der E-Maschine und bezieht diese ein.

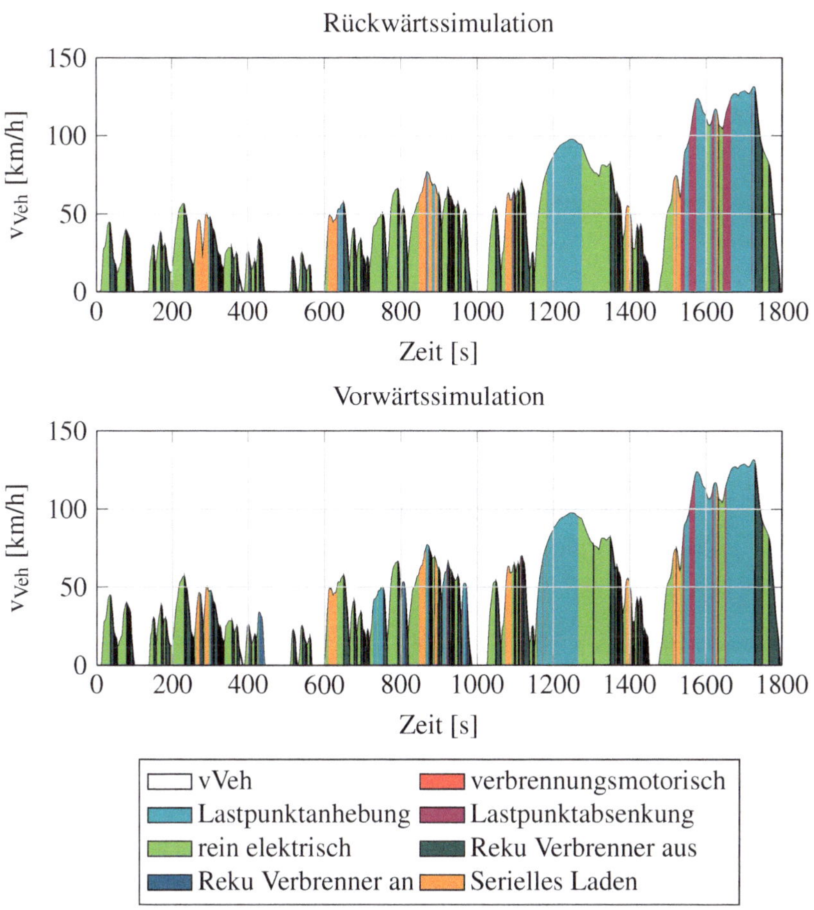

Abbildung 4.6: Vergleich der gewählten Betriebsmodi eines SP-Hybriden im WLTC für die quasistationäre Rückwärts- und die dynamische Vorwärtssimulation

Die zwischen dynamischer und quasi-stationärer Simulation auftretenden betriebstrategieabhängigen Unterschiede lassen sich zusammenfassen zu:

1. Direkte Abhängigkeit der verbrennungsmotorischen als auch elektromotorischen Betriebspunkte von der Radlast bei der quasi-stationären Simulation

2. Abweichungen im Ladezustand der Batterie führen zu einer unterschiedlichen Gewichtung der Applikationsparameter K_P und K_i
3. Einbeziehung der gesamten elektrischen Verlustleistungen in die Äquivalenzleistung der quasi-stationären Simulation

Trotz der prinzipbedingten Unterschiede zwischen der dynamischen und quasistationären Simulationsmodelle zeigt sich eine sehr hohe Übereinstimmung der Simulationsergebnisse.

4.2 Vergleich der quasi-stationären Simulationsansätze

Im Folgenden werden die DP- und die ECMS-optimierte quasi-stationäre Simulation verglichen und plausibilisiert. Da beiden Modellen eine ähnliche physikalische Modellierung zu Grunde liegt, wird das Hauptaugenmerk im Folgenden auf die Unterschiede bzgl. der Betriebsstrategien gelegt.

Tabelle 4.1: Basis-Konfiguration E-Maschinenvariation SP-Hybrid

Merkmale	Wert	Einheit
Fahrzeugmasse	1570	kg
Bordnetzlast	750	W
Verbrennungsmotor	80	kW
Getriebe	1 paralleler Gang	-
Traktions-EM	60 - 175	kW
Generator-EM	86	kW
Batterie	2500	Wh

Abbildung 4.7 zeigt die SoC-Verläufe einer Variation der maximalen Leistung der Traktionsmaschine in einem SP-Hybriden im WLTC. Die Leistung der E-Maschine wird dabei über ihr maximales Drehmoment variiert, während das Drehzahlband über die Variation konstant gehalten wird. Im oberen Diagramm zeigt sich, dass die DP-optimierte Betriebsstrategie über alle E-Maschinen-Leistungen einen sehr ähnlichen SoC-Verlauf aufweist. Dies bedeutet, dass die Betriebsstrategie über die Variation eine ähnliche Betriebsstrategie beibehält

und diese nicht abhängig ist von der maximalen Leistung der Traktionsmaschine bzw. den sich ergebenden Verlusten. Im Vergleich zur DP-optimierten

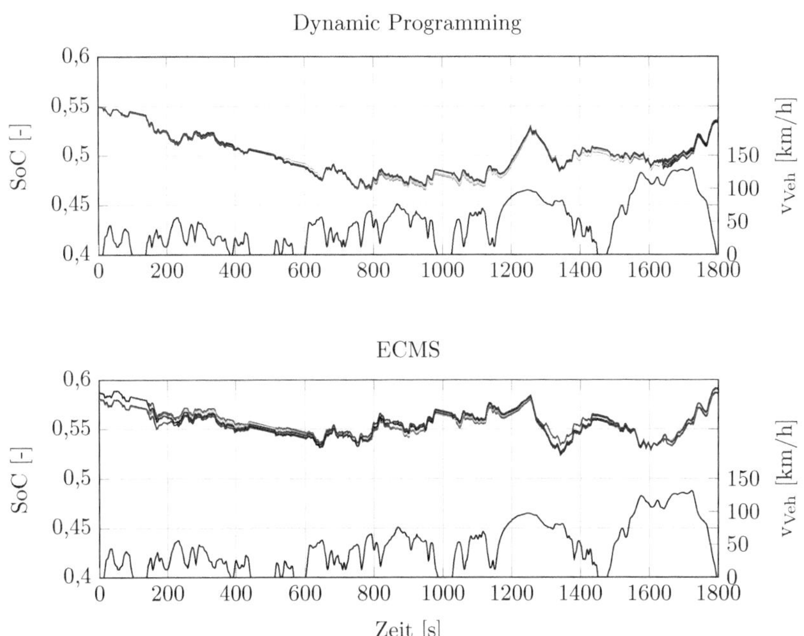

Abbildung 4.7: Vergleich der SoC-Verläufe für einen SP-Hybriden im WLTC unter Variation der Leistung der Traktionsmaschine zwischen 50 und 175 kW für DP und ECMS

Simulation zeigt sich, dass die SoC-Verläufe der ECMS-optimierten Simulation eine größere Streuung aufweisen. Dabei ist zu beachten, dass aufgrund des iterativen SoC-Ausgleichs unterschiedliche Start-SoCs verwendet werden. Dennoch weisen auch die ECMS-optimierten SoC-Verläufe nur geringfügige Abweichungen zueinander auf. Die DP-optimierten Simulationen weisen mit ca. 7,5 % einen höheren SoC-Hub auf, während alle ECMS Varianten einen SoC-Hub von ca. 5,5 % zeigen. Die Optimierung mit Hilfe der Dynamischen Programmierung weist unabhängig von der E-Maschinengröße zu Beginn des Zyklus eine tiefere Entladung der Batterie auf. Dahingegen findet bei der ECMS anfangs eine Überschätzung der elektrischen Kosten statt, was zu einem frühen Zustart des Verbrennungsmotors resultiert, um Energie für die Aufladung der Batterie bereitzustellen. Hierbei wirken sich ebenso die applikativen Strafkosten der ECMS aus. Durch die Mindestlaufzeit des Verbrennungsmotors (*hier: 5* s), wird der Verbrennungsmotor meist länger genutzt als in der DP-optimierten Simulation. Entscheiden sich beide Betriebsstrategien für einen Zustart des Verbrenners im parallelen Modus, schaltet die DP diesen meinst nach wenigen Zeitschritten wieder aus, während die ECMS den Motor weiter im seriellen Modus betreibt und so die Batterie lädt.

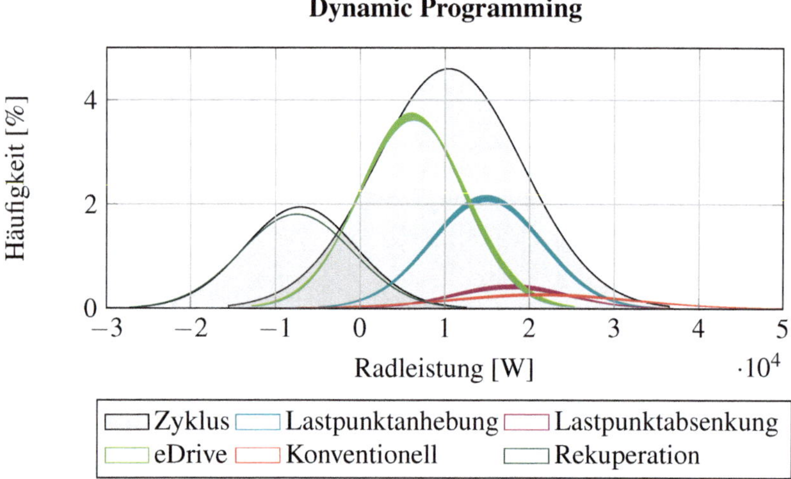

Abbildung 4.8: Relative Häufigkeit der auftretenden Betriebsmodi (ohne Stillstandphasen) für einen SP-Hybriden im WLTC über der Antriebsleistung für eine Variation der Leistung der Traktionsmaschine

Abbildung 4.8 zeigt die Verteilung der Betriebsmodi über der Radleistung für die 24 Variationen der E-Maschinenleistung. Auch hier zeigt sich, dass die Sensitivität der gewählten Betriebsmodi gegenüber der maximalen Leistung der E-Maschine sehr gering ist. Trotz steigender Verluste der größeren E-Maschinen, wählt das Dynamic Programming sehr ähnliche Betriebsmodi über den Verlauf des Zyklus. Sowohl die rein elektrischen Fahranteile als auch die Lastpunktanhebung und -absenkung bleiben annähernd konstant. Weiterhin zeigt sich, dass die DP einige Fahranteile - vor allem im hochlastigen Teil des WLTC - rein verbrennungsmotorisch bewältigt. Über alle E-Maschinenleistungen findet der rein elektrische Vortrieb des Fahrzeugs lediglich unterhalb von 20 kW statt. Wie auch 4.9 bestätigt, werden über die gesamte Fahrzeuggeschwindigkeit nur

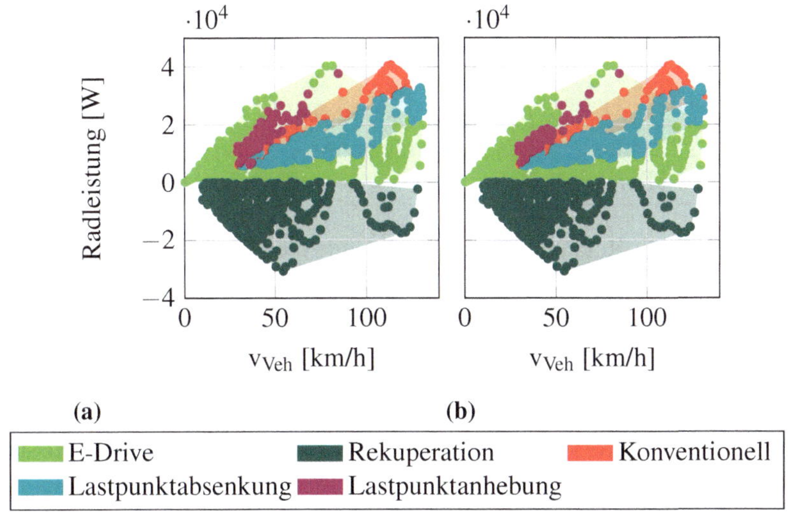

Abbildung 4.9: Verteilung der Betriebsmodi über der Zyklusgeschwindigkeit und Radleistung für einen DP-optimierten SP-Hybriden mit (a) 60 kW und (b) 175 kWEM

vereinzelt Betriebspunkte über 20 kW rein elektrisch bewerkstelligt, dies gilt sowohl für geringe als auch für höhere Geschwindigkeiten. Trotz unterschiedlich hoher Verluste der EM findet die Wahl der Betriebsmodi durch das Dynamic Programming nahezu identisch statt.

Abbildung 4.10 zeigt die zeitliche Verteilung der Betriebsmodi der ECMS-optimierte Simulation. Dabei fällt auf, dass im Vergleich zur DP keine Fahranteile rein konventionell bewältigt werden. Die zeitlichen Anteile der Lastpunktabsenkung sind jedoch deutliche höher als auch leicht zu höheren Leistungen verschoben. Die Lastpunktabsenkung weist im Vergleich zur DP geringere zeitliche Anteile auf und ist hin zu niedrigeren Radlasten verschoben. Die Anteile

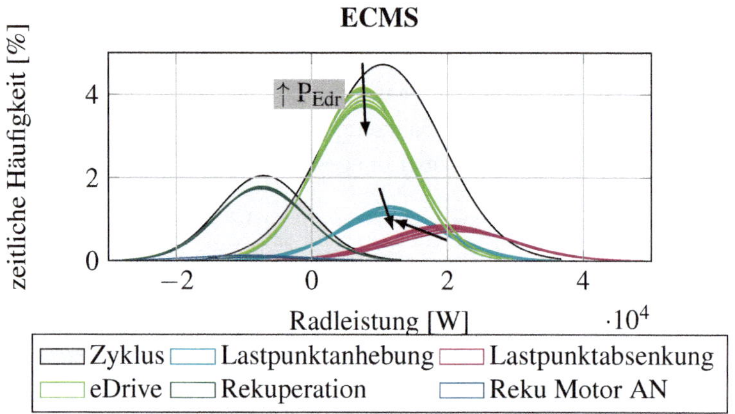

Abbildung 4.10: Relative Häufigkeit der auftretenden Betriebsmodi (ohne Stillstandsphasen) für einen SP-Hybriden im WLTC über der Antriebsleistung für eine Variation der Leistung der Traktionsmaschine

des rein elektrischen Vortriebs sind bei der ECMS optimierten Betriebsstrategie für kleine E-Maschinen deutlich höher im Vergleich zu der DP. Es zeigt sich, dass mit steigender E-Maschinenleistung die zeitlichen Anteile der rein elektrischen Fahrt reduziert werden. Unter Verwendung des Äquivalenzfaktors kommt es bei der ECMS sowohl zu einer Überschätzung der Kosten des elektrischen Fahrens, als auch zu einer Überschätzung der auftretenden Verluste der E-Maschine. Gleichfalls ist zu beachten, dass die ECMS durch die applikativen Strafkosten weniger häufig zwischen den Betriebsarten wechselt. Aufgrund der Strafkosten für den Zustart des Verbrennungsmotors kann auch ein suboptimaler rein elektrischer Vortrieb beibehalten werden. Die auftretenden Radlasten, die rein elektrisch abgedeckt werden, bleiben dabei annähernd konstant und im Vergleich zur DP etwas höher. Abb. 4.11 lässt erkennen, dass die elektrischen Fahranteile bei hohen Geschwindigkeiten im Vergleich zur globalen Optimierung reduziert und zu Gunsten der Lastpunktabsenkung verschoben werden.

Abbildung 4.12 zeigt den Vergleich der Verlustleistungen und -energien der E-Maschinen für eine maximale Leistung von 60 kW und 175 kW. Es zeigt

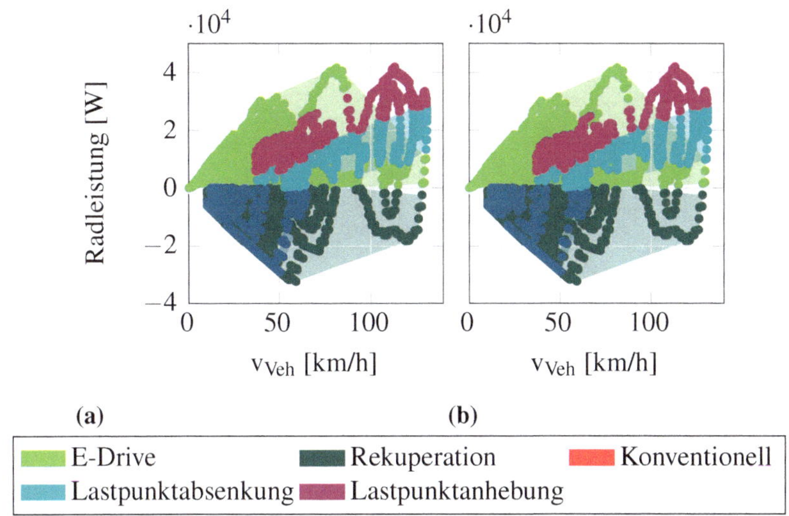

Abbildung 4.11: Verteilung der Betriebsmodi über Zyklusgeschwindigkeit und Radleistung für ECMS-optimierten ($s_{0,\text{laden}\,|\,\text{entladen}}$ = 2,6) SP-Hybriden mit (a) 60 kW und (b) 175 kWEM

sich, dass die 60 kW E-Maschine bei hohen Lasten leicht höhere Verluste aufweist, als die E-Maschine höherer Leistung. Bei einer moderaten geforderten Leistung ist die kleine E-Maschine jedoch deutlich im Vorteil gegenüber der großen E-Maschine. Während die kleine E-Maschine bei geringer Radlast in Betriebsbereichen hoher Effizienz betrieben werden kann, weist diese in den Randbereichen bei höherer Radlast höhere Verluste auf. Die große E-Maschine hingegen arbeitet bei geringen Radlasten in Bereichen geringeren Wirkungsgrades und kann erst bei höheren Lasten effizient betrieben werden. Wie an den Verlustenergien zu erkennen ist, zeigt sich dass die Verluste der beiden E-Maschinen bis 1000 s ca. 0,1 kWh beträgt. Erst zwischen 1200 s und 1800 s überwiegen die Vorteile der deutlich geringeren Verluste der 60 kW E-Maschine.

Im Vergleich der beiden Simulationsansätze ist eine klare Trennung zwischen den Einflüssen der unterschiedlichen Betriebsstrategien und den Auswirkungen der verschiedenen Modellierungen nur bedingt möglich. Dennoch ist zu erken-

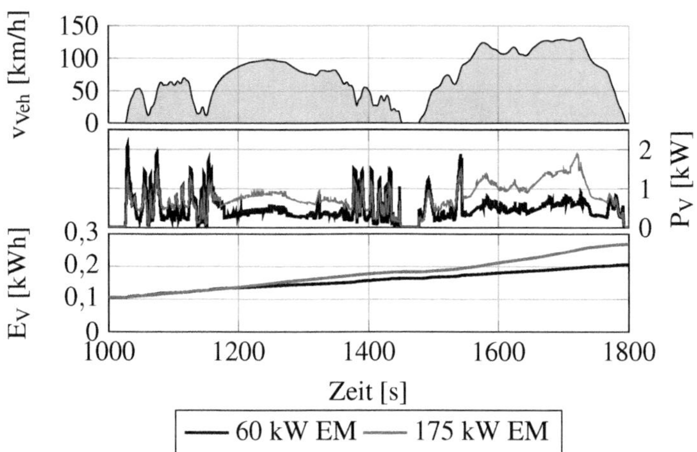

Abbildung 4.12: Vergleich der Verlustenergien der E-Maschinen

nen, dass die Betriebsweise der beiden Betriebsstrategien in einer ähnlichen Wahl der Betriebsmodi resultiert. Abb. 4.13 zeigt die Simulationsergebnisse für beide Ansätze im Vergleich. Dargestellt ist hier eine Phase des Zyklus, in denen beide Betriebsstrategien einen rein elektrischen Betrieb wählen. Die lässt einen Vergleich der physikalischen Modellierung zwischen den Modellen zu. Beginnend bei der Leistung am Rad zeigt sich eine hohe Überdeckung der Modellierungen. Lediglich durch die unterschiedlichen Interpolationen zwischen den Zeitschritten kommt es zu erkennbaren Unterschieden. Gleichermaßen zeigt sich anhand der E-Maschinenleistung, dass die Wirkungsgradkette zwischen Rad und E-Maschine, bestehend aus Achsgetriebe und E-Maschinenübersetzung, eine hohe Übereinstimmung aufweist. Anhand der sehr ähnlichen Leistung der Batterie und dem resultierenden SoC-Verlauf, wird ersichtlich, dass auch die Modellierung der E-Maschinenverluste als auch die Verluste der Batterie mit einer hohen Übereinstimmung abgebildet werden. Der SoC der ECMS-optimierten Simulation ist in Abb. 4.13 beim Zeitschritt t = 300 s um 3,75 % an die DP-Simulation angeglichen.

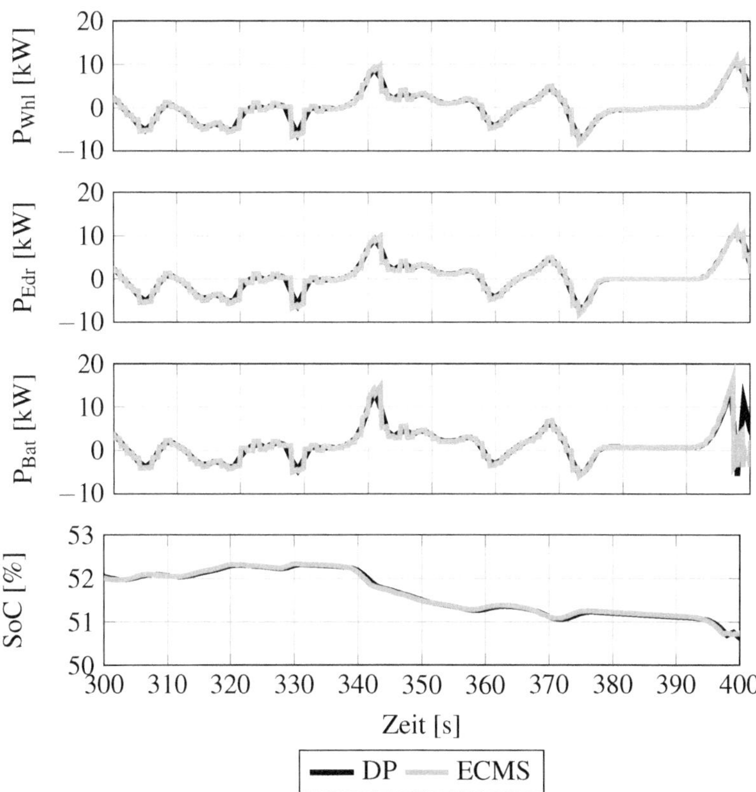

Abbildung 4.13: Vergleich der physikalischen Wirkketten zwischen Rad- und Batterieleistung für einen SP-Hybrid im WLTC bezüglich beider Optimierungsstrategien

4.3 ECMS-Applikation

Wie bereits in Kapitel 4.1 gezeigt, kann zwischen der quasi-stationären und der dynamischen Simulation unter Anwendung der ECMS eine sehr hohe Übereinstimmung erzielt werden. D.h. sowohl die betriebsstrategische Entscheidungsfindung als auch die physikalische Modellierung können mit hoher Güte abgebildet werden. Dabei ist die Applikation der ECMS-Parameter wie den s_0-Wert oder auch die K-, I- oder D-Glieder des eingesetzten PID-Reglers ein wichtiger Bestandteil in der Simulation, da diese für den optimalen Einsatz der verschiedenen Antriebsformen und der damit verbundenen Minimierung des Verbrauchs ausschlaggebend sind. Da die ECMS als echtzeit- und onlinefähige Betriebsstrategie häufig auch im Fahrzeug eingesetzt wird, ist es von Vorteil, die Applikation der Paramteter bereits simulativ vorauszulegen bzw. den Suchraum einschränken zu können. Da die ECMS-Applikation bzw. die Optimierung der Parameter ebenso wie die Antriebsstrangauslegung eine Vielzahl an Simulationsdurchläufen erfordert, ergibt sich ein hoher zeitlicher Aufwand. Um diesen zu minimieren bzw. zu reduzieren, wird im Folgenden untersucht, inwieweit sich die entwickelte Methodik dazu eignet, die Simulationszeit zur Auffindung eines optimalen Parametersatzes zu minimieren.

Abbildung 4.14 zeigt eine Variation des ECMS-Parameters $s_{0,\mathrm{Laden}}$ von 0 bis 7 für die ECMS-optimerten quasi-stationären und die dynamischen Simulationsmodelle. Der Parameter $s_{0,\mathrm{Entladen}}$ ist dabei mit

$$s_{0,Entladen} = s_{0,Laden} + 0,25 \qquad \text{Gl. 4.2}$$

definiert. Die Variation ist für einen HV P2-Hybriden mit 7-Gang Doppelkupplungsgetriebe im WLTC durchgeführt. Die P- und I-Glieder sind über die Variation konstant auf 5 bzw. 0,02 gehalten. Es zeigt sich, dass die CO_2-Emissionen mit einer hohen Genauigkeit abgebildet werden können. Sowohl die Rückwärts- als auch Vorwärtssimulation weisen ein Minimum an CO_2-Emissionen von ca. 93,5 $\mathrm{g\,km^{-1}}$ auf. Der minimale Verbrauch wird in beiden Varianten in einem weiten Intervall für $s_{0,\mathrm{Laden}}$ zwischen 0,5 und ca. 2,3 erreicht. Zudem ist ersichtlich, dass auch der qualitative Verlauf zwischen der quasi-stationären Rückwärts- und der dynamischen Vorwärtssimulation eine hohe Übereinstimmung aufweisen und die Sensitivität bzgl. der s_0-Werte beider Modellansätze in einem ähnlichen Bereich liegen. Ebenso kann der Verlauf des Energiedurchsatzes durch die Batterie mit hoher Güte wiedergegeben werden. Das Optimum liegt für beide Varianten in einem Bereich zwischen 2 und 4. Darunter weisen beide Simulationen einen steigenden Energiedurchsatz bei nahezu konstant bleibenden CO_2-Emissionen auf. Die Anzahl der Motorstarts ist für die Rückwärtssimulation meist höher als die der Vorwärtssimulation, jedoch zeigt sich auch hier zwischen den Ansätzen ein ähnlicher qualitativer Verlauf. Beide Simulationsansätze weisen ein globales und ein lokales Minimum in ähnlichen Bereichen aus. Die kumulierte Zeitdauer, in der der Verbrennungsmo-

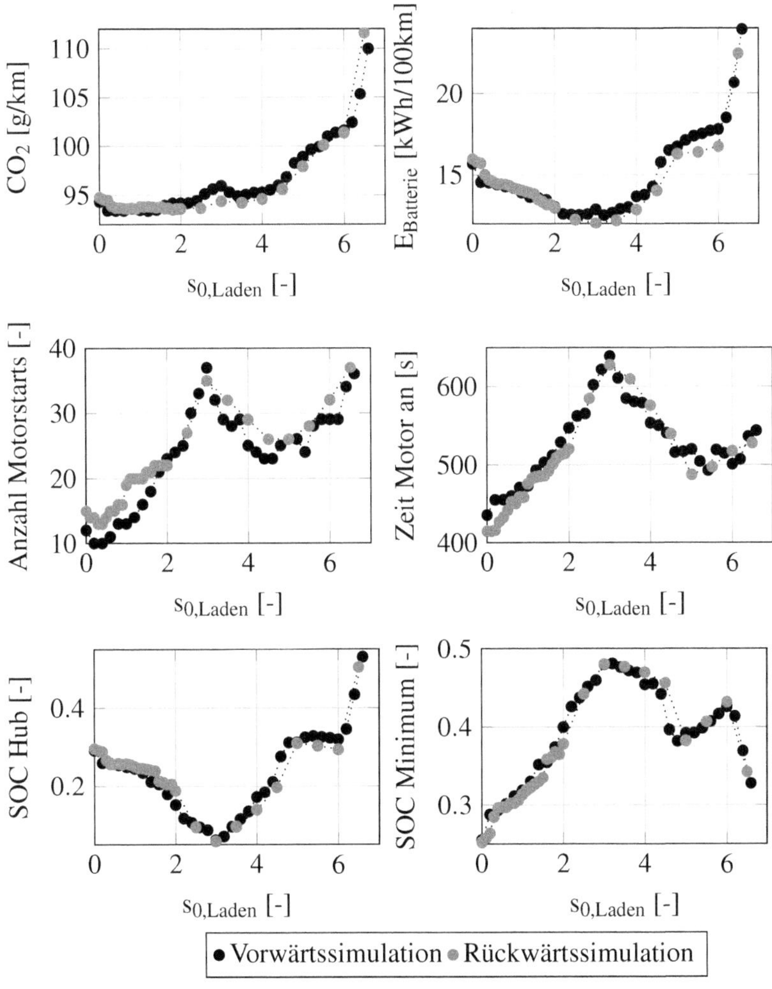

Abbildung 4.14: $s_{0,\mathrm{Laden}}$-Variation für einen P2 Hybrid im WLTC

tor eingeschaltet ist, zeigen eine hohe Übereinstimmung. Der sich ergebende SoC-Hub zeigt eine sehr gute Überdeckung der beiden Simulationsarten. Da auch das SoC-Minimum mit hoher Genauigkeit wiedergegeben werden kann, stimmt auch das SoC-Maximum mit hoher Genauigkeit überein.

Abbildung 4.15 bildet die Variation des K_P-Glieds des s-Wert-Reglers für einen P2-Hybriden im WLTC ab. Es zeigt sich, dass es zu einem Versatz zwischen den Simulatonsansätzen bzgl. der CO_2-Emissionen kommt. Jedoch ist der qualitative Verlauf beider Ansätze sehr ähnlich, so dass das Optimum bzgl. der CO_2-Emissionen in beiden Fällen zwischen 2,5 und 5 liegt. Ein ähnliches Verhalten zeigt sich beim Energiedurchsatz durch die Batterie. Auch hier kommt es zu einem Versatz zwischen den Modellen, jedoch wird das Optimum in beiden Varianten in einem ähnlichen Bereich identifiziert.

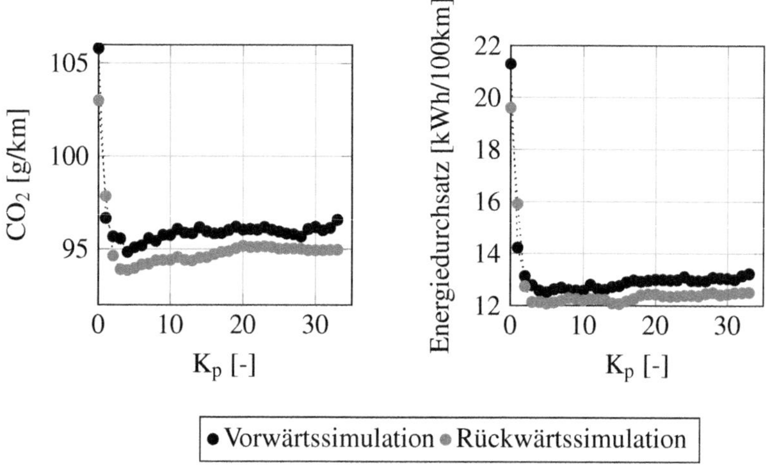

Abbildung 4.15: K_P-Variation für einen P2 Hybrid im WLTC

Abbildung 4.16 stellt beispielhaft die Variation zweier physikalischer Parameter dar. Hierbei handelt es sich zum einen um die Variation der E-Maschinenübersetzung und eine Variation der Bordnetzlast. Im Fall der E-Maschinenübersetzung ist zu erkennen, dass beide Simulationsansätze ein ähnliches Optimum um ca. 1,6 identifizieren. Darüber ergeben sich mit den steigenden Übersetzungen stark steigende CO_2-Emissionen. Auch unterhalb des Optimums kommt es bei beiden Ansätzen zu einem leichten Anstieg des Verbauchs. Der Energiedurchsatz durch die Batterie weist in beiden Fällen ein Minimum bei einer Übersetzung i_{Edr} = 1 auf. Mit steigender Übersetzung steigt ebenso der Energiedurchsatz durch die Batterie. Hier weisen ebenfalls beide Simulationen mit hoher

Güte ein Maximum des Energiedurchsatzes bei einer E-Maschinenübersetzung von vier aus.

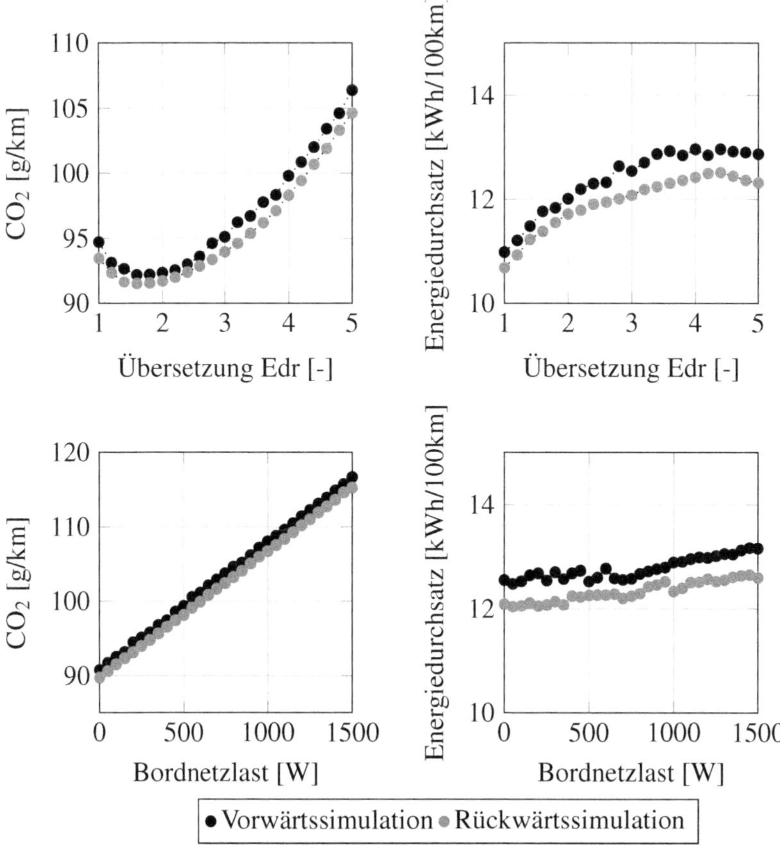

Abbildung 4.16: Variation von Fahrzeugparametern wie Übersetzung der E-Maschinen oder der Bordnetzlast für einen P2 Hybrid im WLTC

Die Steigerung der Bordnetzlast führt in beiden Simulationsansätzen zu einem linearen Anstieg der CO_2-Emissionen. Die Steigung ist dabei identisch. Ebenso ist der Energiedurchsatz durch die Batterie für beide Modelle lediglich um einen Versatz verschoben, zeigt aber ein sehr ähnliches Verhalten. Die

Ergebnisse zeigen, dass die Variation eines Parameters, entweder bzgl. der ECMS-Reglergrößen oder auch die Variation von Fahrzeugparameter eine sehr gute Übereinstimmung zwischen den Simulationsansätzen aufweisen. So kann die entwickelte Methodik bzw. das entwickelte Simulationsmodell für eine Abstimmung bzw. Applikation der ECMS-Parameter verwendet werden. Die Sensitivität einzelner Parameter zeigt eine sehr hohe Übereinstimmung.

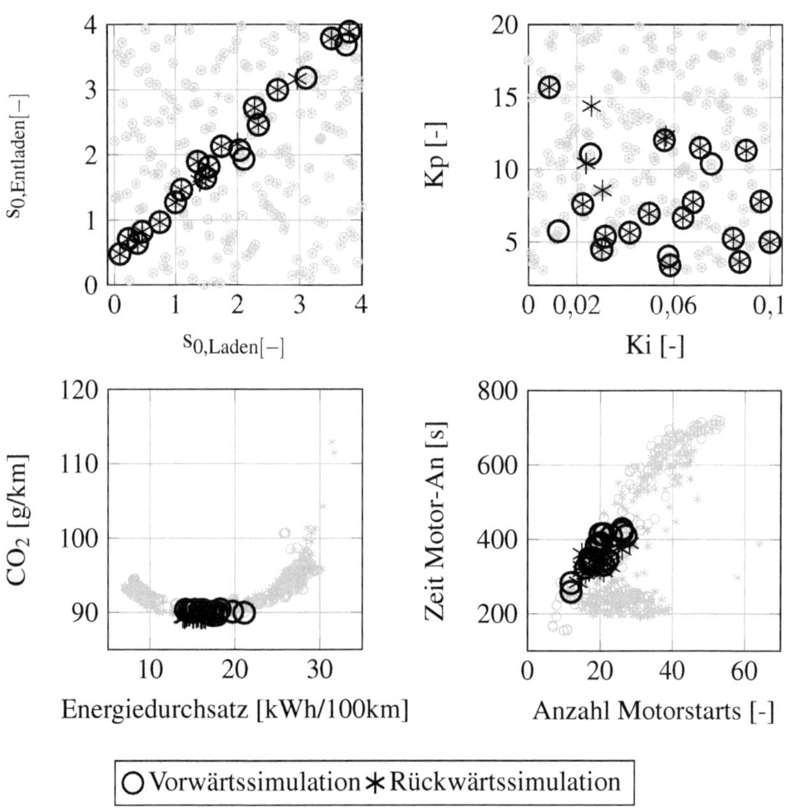

Abbildung 4.17: Untersuchter Parameterraum des DOE für eine SP-Topologie

Abbildung 4.17 zeigt die gleichzeitige Variation mehrerer ECMS-Parameter. Die oberen Diagramme zeigen grau hinterlegt den Versuchsplan von 200 DoE-

Punkten und die Variation der vier Parameter $s_{0,\mathrm{Laden}}$, $s_{0,\mathrm{Entladen}}$, K_i und K_P im Latin-Hypercube-Verfahren. Im unteren Bereich der Abbildung 4.17 sind die Ergebnisse der quasi-stationären und der dynamischen Simulation abgebildet. Bereits anhand der grau dargestellten Sterne und Kreise lässt sich erkennen, dass die Ergebnisse der Simulationen ein ähnliches Verhalten aufweisen. In allen vier Diagrammen sind die jeweiligen zehn Prozent der CO_2-optimalen Varianten markiert. Mit einem schwarzen Stern sie die besten Varianten der quasi-stationären Simulation gekennzeichnet. Die zehn Prozent mit den geringsten CO_2-Emissionen der dynamischen Simulation sind mit einem schwarzen Ring gekennzeichnet. Die beiden unteren Diagramme stellen zum einen links die CO_2-Emissionen über dem Energiedurchsatz durch die Batterie und zum anderen rechts die kumulierte Zeit in der der Verbrennungsmotor im Zyklus angeschaltet ist über der Gesamtzahl der Motorstarts dar. Es zeigt sich, dass die Lage der optimalen Konfiguration beider Ansätze sowohl bezüglich der CO_2-Emissionen als auch des Energiedurchsatzes ein ähnliches Niveau aufweisen. Analog zu den Ergebnissen in Abb. 4.16 ist ein leicht erhöhter Energiedurchsatz seitens der dynamischen Simulation zu erkennen. Ebenso verhält es sich mit der Anzahl der Motorstarts und der kumulierten Zeit der Motor-An-Phasen. In den oberen Diagrammen ist zu erkennen, dass sowohl die quasi-stationäre als auch die dynamische Simulation einen linearen Zusammenhang zwischen $s_{0,\mathrm{Laden}}$ und $s_{0,\mathrm{Entladen}}$ aufweisen. Bzgl. der optimalen K_p- und K_i-Werte lässt sich kein direkter Zusammenhang feststellen. Jedoch ist zu erkennen, dass ein Großteil der optimalen Parameter-Kombinationen für beide Simulationsansätze ein Optimum darstellen. Es ergibt sich eine Übereinstimmung der optimalen Varianten von 80 %.

Abb. 4.18 zeigt eine entsprechende Variation wie in Abb. 4.17 dargestellt, für einen P2-Hybriden im WLTC. Auch hier ist zu erkennen, dass ein Großteil der CO_2-optimalen Varianten bzgl. der beiden s-Werte einen annähernd linearen Zusammenhang aufweisen. Ebenso wie beim SP-Hybriden, zeigt sich kein erkennbarer Zusammenhang zwischen den K_i- und K_p-Werten der optimalen Konfigurationen.

Beide Simulationsansätze zeigen einen ähnlichen Wertebereich bzgl. der CO_2-Emissionen und dem Energiedurchsatz durch die Batterie. Sowohl die dynamische als auch die quasi-stationäre Simulation, zeigen in ihren jeweils ausgewiesenen Optima eine betragsmäßig hohe Übereinstimmung. In Richtung höherer

Energieumsätze kommt es durch die quasi-stationäre Simulation zu einer Überschätzung der CO_2-Emissionen. Hin zu geringeren Energiedurchsätzen kommt es zu einer leichten Unterschätzung der CO_2-Emissionen. Die Anzahl der Motorstarts und die kumulierte Zeit der Motor-An-Phasen können mit einer sehr hohen Genauigkeit vorhergesagt werden. Bei der Identifizierung der zehn Prozent CO_2-optimalen Konfiguration stimmen 70 % der Parameterkombinationen zwischen dynamischer und quasi-stationärer Simulation überein.

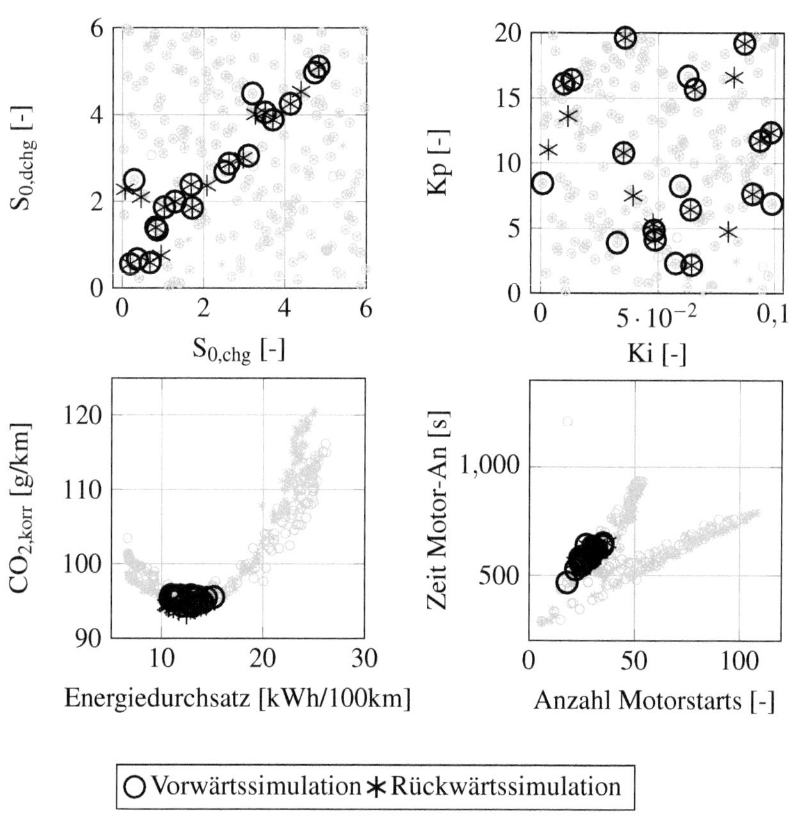

Abbildung 4.18: Untersuchter Parameterraum des DOE für die P2-Topologie

4.4 Sensitivität s_0-Applikation

Abb. 4.18 und Abb.4.17 zeigen, dass die Auswirkungen der s-Wert-Applikation gering ausfallen, wenn der s-Wert sowohl für Lade- als auch Entladephasen einen linearen Zusammenhang aufweisen. In beiden Fällen lässt sich deuten, dass ein leicht höherer $s_{0,entladen}$ zu optimalen Ergebnissen bzgl. der CO_2-Emissionen führt. Abb. 4.19 und Abb. 4.20 bilden die Iterationsschritte eines SP-Hybrids im WLTC für einen s_0-Wert von 2,6 bzw. 2,1 unter Verwendung einer 60 kW Traktions-E-Maschine ab. Abgebildet sind die SoC-Verläufe der jeweils drei Iterationsschritte und die dazugehörigen s-Werte.

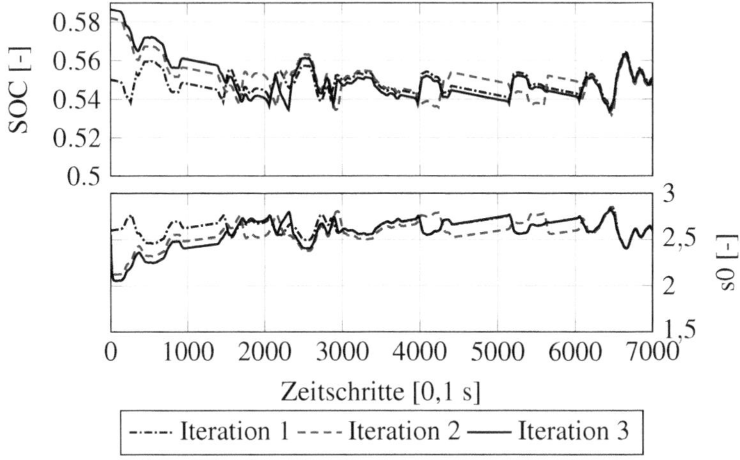

Abbildung 4.19: SoC- und s-Werte über die Iterationsdurchläufe der ECMS im WLTC mit einem $s_0 = 2.6$

Im ersten Iterationsschritt startet der Simulationsdurchlauf mit dem vorgegebenen Start- (und Ziel-) SoC von 55 %. Im zweiten und dritten Iterationsdurchlauf wird der Start-SoC auf ca. 58 % korrigiert. Durch die Korrektur des Start-SoCs sinkt der s-Wert der Berechnungsdurchläufe zu Beginn des Zyklus auf ca. 2 und wird dann im weiteren Verlauf durch die Annäherung an den Ziel-SoC wieder angehoben. Im Vergleich der Iterationsschritte zeigt sich, dass sich der s-Wert für alle Iterationsrechnungen bereits nach 300 s auf einem ähnlichen Wert einregelt. Bereits nach 600 s des WLTC weisen alle drei Durchläufe einen identischen SoC- und s-Wert-Verlauf auf. Wodurch in der weiteren Folge des

Zyklus eine identische Betriebsstrategie verwendet wird und es zu keinen Unterschieden zwischen den Iterationsdurchläufen kommt. Ein ähnliches Verhalten zeigt sich ebenso bei der in Abbildung 4.20 dargestellten Variante für einen s_0-Wert von 2,1. Auch hier wird der Start-SoC im zweiten und dritten Iterationsdurchlauf auf ca. 58 % korrigiert. Gleichermaßen zeigt sich ein identisches Einregeln des s-Wertes ab ca. 300 s.

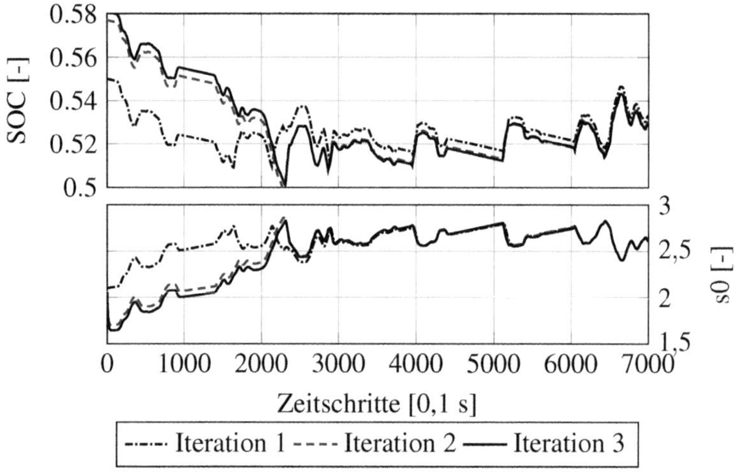

Abbildung 4.20: SoC- und s-Werte über die Iterationsdurchläufe der ECMS im WLTC mit einem $s_0 = 2.1$

Im Vergleich zu Abbildung 4.19 zeigt sich durch den geringeren s-Wert vor allem zu Beginn des Zyklus ein deutlich größerer Entlade-Hub. Zwischen 600 und 700 s ist zu erkennen, dass sich in beiden Fällen ein ähnlicher s-Wert über 2,5 einregelt, der auch im weiteren Zyklus einen ähnlichen Verlauf aufweist und somit zu einer ähnlichen Betriebsweise führt. D.h. der Verbrauchsunterschied von ca. 1 $\mathrm{g\,km^{-1}}$ zwischen den Varianten entsteht durch die - in diesem Fall - Unterschätzung der elektrischen Kosten durch den geringen s_0-Wert zu Beginn des Zyklus.

5 Ermittlung optimaler Antriebsstrangkonfigurationen

Im Folgenden werden die zuvor validierten und plausibilisierten Modelle für eine Antriebsstrangauslegung verwendet. Hierzu werden zunächst die Rahmenbedingungen festgelegt. Es werden die Auswirkungen des Einsatzes eines dedizierten Hybrid-Verbrennungsmotors im Vergleich zu einem konventionellen Verbrennungsmotor herausgearbeitet. Der Suchraum der Antriebsstrangparameter und Komponenten wird dabei möglichst großgehalten, um keine Antriebsstrangkonzepte zu Beginn auszuschließen. Lediglich eine geringe Zahl an Leistungs- bzw. Drehzahlgrenzen werden angewandt, um den Suchraum mit der Anzahl an untersuchten Antriebsstrangkonfigurationen optimal zu besetzen.

5.1 Randbedingungen des Optimierungsproblems

Die Definition der zu untersuchenden Konfigurationen wird mit Hilfe der statistischen Versuchsplanung vorgenommen. Dabei wird das *Latin Hypercube Sampling* angewendet, um eine optimale Verteilung innerhalb des Suchraums zu erzielen. Bei der Versuchsplanerstellung wird zwischen globalen und lokalen Parametern unterschieden. Lokale Parameter werden innerhalb eines Versuchsplans variiert, wie er in Abbildung 5.5 dargestellt ist. Die Variation globaler Variablen wie bspw. der Topologie oder der Variation des Verbrennungsmotors resultieren in zusätzlichen Versuchsplänen, die eine identische Variation der lokalen Parameter enthalten. Wie in Tab. 5.1 abgebildet, werden als globale Parameter zum einen die Topologie zwischen einem SP- und einem PS-Hybriden variiert und zum anderen zwei unterschiedliche Motoren untersucht.

Die lokalen Parameter, die im Rahmen des Versuchsplans variiert werden, sind in Tab. 5.2 aufgelistet. Sowohl die Anzahl der lokalen Parameter als auch insbesondere die Anzahl der globalen Parameter bestimmen den zeitlichen Aufwand des zu untersuchenden Versuchsplans und müssen im Entwicklungsprozess berücksichtigt werden. Dabei ist stetig, wie auch in der Wahl der Simulati-

R. G. Kleisch, *Modellbasierter Ansatz zur Ermittlung optimaler Hybrid-Antriebsstrangkonfigurationen unter Anwendung verschiedener Optimierungsalgorithmen*,
Wissenschaftliche Reihe Fahrzeugtechnik Universität Stuttgart,
https://doi.org/10.1007/978-3-658-47637-3_5

Tabelle 5.1: globale Parameter des untersuchten Versuchsplans

Globale Parameter	Varianten	
Topologie	SP	PS
Verbrennungsmotor	dhICE	cICE

onswerkzeuge, zwischen möglichem Aufwand und geforderter Genauigkeit abzuwägen.

Tabelle 5.2: lokale Parameter des untersuchten Versuchsplans

Lokale Parameter	Größe
Übersetzung Traktionsmaschine	i_{Edr}
Achsübersetzung	i_{FiD}
Getriebeübersetzung	i_{Gang}
max. Leistung (Traktions-) E-Maschine	P_{Edr}
max. Leistung (Generator-) E-Maschine	P_{Edr2}
Batteriespannung	U_{Bat}
Batteriekapazität	C_{Bat}

Die Kenndaten der beiden Verbrennungsmotoren sind in Tab. 5.3 gelistet. Abb. 5.1 zeigt die dazugehörigen Kennfelder. Der dedizierte Hybrid-Verbrennungsmotor (*dhICE*) besitzt mit 1,5 l ein größeres Hubvolumen als der konventionelle Verbrennungsmotor (*cICE*) mit 1,0 l. Dabei besitzt der dhICE bei einem maximalen Drehmoment von ca. 150 N m eine maximale Leistung von 80 kW. Der konventionelle Motor erreicht ein maximales Drehmoment von 200 N m und eine maximale Leistung von 92 kW.

Der maximale effektive Wirkungsgrad des dhICE liegt bei ca. 40 % bei einer mittleren Drehzahl und einem Drehmoment von ca. 60 -110 N m. Der Wirkungsgrad des Motors ist dabei über das gesamte Kennfeld hoch. So dass dieser im gesamten Kennfeldbereich sehr effizient betrieben werden kann. Der cICE kommt in einem relativ großen Kennfeldbereich mittlerer Drehzahl und mittlerer bis hoher Last auf einen maximalen effektiven Wirkungsgrad > 35 %.

Tabelle 5.3: Parameter der untersuchten Verbrennungsmotoren

Verbrennungsmotor	dhICE	cICE	Einheit
Kraftstoff	Benzin	Benzin	-
Leerlaufdrehzahl n	800	800	min^{-1}
Hubraum V_H	0.0015	0.001	m^3
unterer Heizwert H_u	$4.25 \cdot 10^6$	$4.25 \cdot 10^6$	$\mathrm{J\,kg}^{-1}$
maximale Leistung P_{max}	80 @ 5500 min^{-1}	92 @ 5400 min^{-1}	kW
Trägheitsmoment	0.15	0.12	$\mathrm{kg\,m}^2$

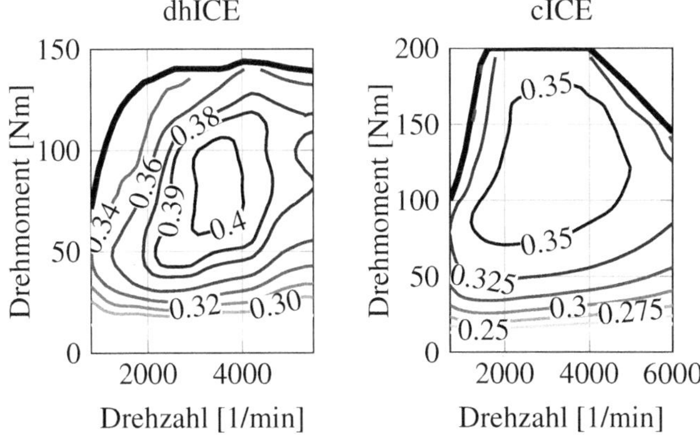

(a) dedizierter Hybrid-Verbrennungsmotors (b) konventioneller Verbrennungsmotors

Abbildung 5.1: Wirkungsgradkennfelder der verwendeten Motoren

In Tabelle 5.4 sind die Daten des untersuchten Fahrzeugs gelistet. Dabei handelt es sich um ein repräsentatives Fahrzeug aus dem Segment der Mittelklasse bzw. dem C-Segment. Die Bordnetzlast wird auf 700 W festgelegt, um die durchschnittliche Leistungsaufnahme der verschiedenen Nebenverbraucher, wie bspw. das Infotainment-System oder die Klimatisierung, abzudecken.

Tabelle 5.4: Parameter der verwendeten Fahrzeugkonfiguration

Fahrzeugparameter	Wert	Einheit
dynamischer Radhalbmesser r_{dyn}	0.3	m
Fahrzeugmasse m_{ges}	1570	kg
Fahrzeugfrontfläche A	2.28	m^2
Luftwiderstandsbeiwert c_w	0.28	-
Trägheitsmoment Räder I_{Rad}	1.1	$kg\,m^2$
Dynamischer Massefaktor	1	-
Bordnetzlast P_{Pnt}	700	W

Tabelle 5.5 zeigt die Daten der simulierten Batterie. Die Batterien der untersuchten Konzepte werden zwischen 740 Wh und 4400 Wh skaliert. Die Gesamtkapazität der Batterie wird über die Zellkapazität skaliert, während die Spannung der Batterie über die Anzahl seriell verschalteter Zellen parametriert wird. Über das Verhältnis von Leistung zu Energieinhalt ($\frac{P}{E}$-Verhältnis) von 30 wird der maximal kontinuierliche Lade-\Entladestrom definiert. Durch Definition der Randbedingungen ergibt sich die kleinste Batterie mit 740 Wh, 80 seriellen Zellen und einer Zellkapazität von 2.5 Ah bei einer maximalen Leistung von ca. 22 kW. Die größte Batterie mit ca. 4,4 kWh besitzt 120 seriell verschaltete Zellen bei einer Zellkapazität von 10 Ah und somit eine Leistung von ca. 133 kW. Abbildung 5.2 zeigt den Verlauf der Leerlaufspannung und der Innenwiderstände für das Entladen und Laden der Batterie für eine Zellkapazität von 2,5 Ah. Die Entladeschlussspannung liegt mit 3,2 V bei 5 % SoC und die Ladeschlussspannung bei 95 % SoC mit 4,1 V.

Untersucht bzw. ausgelegt wird das zu entwickelnde Konzept anhand der drei Zyklen WLTC, FTP 75 und einem RDE Zyklus. Die Geschwindigkeitsprofile der drei Zyklen sind in Abbildung 5.3 dargestellt. Abbildung 5.4 zeigt die Verteilung der auftretenden Radleistungen der drei Zyklen im Vergleich, aufgeschlüsselt nach positiven und negativen Leistungen, für das in Tabelle 5.4 definierte Fahrzeug.

Wie anhand der Verteilung der Radlasten zu erkennen ist, besitzt der WLTC eine maximale Antriebsleistung von ca. 30 kW. Das obere Quantil liegt bei

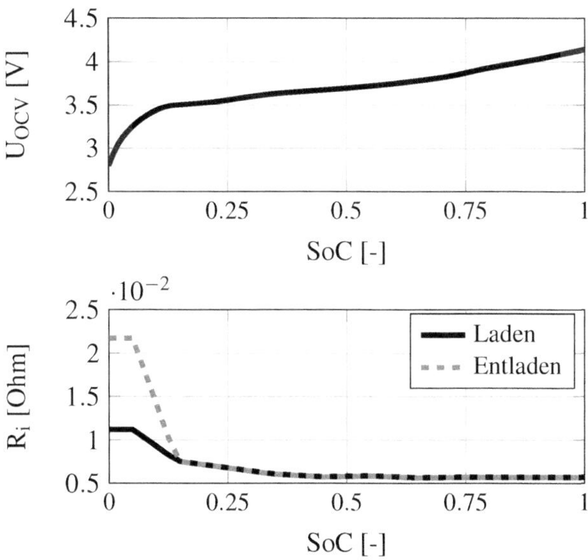

Abbildung 5.2: Leerlaufspannung U_{OCV} und Innenwiderstand R_i der eingesetzten Batterie

Tabelle 5.5: Parameter der verwendeten Batteriekonfigurationen

Batteriekonfiguration	Wert	Einheit
Zellnennspannung U_N	3.7	V
Zellkapazität C	2.5 - 10	A h
Anzahl serieller Zellen n_{ser}	80 - 120	-
Anzahl paralleler Zellen n_{par}	1	-
maximaler Lade-/Entladestrom I_{max}	40 C	-
maximaler kontinuierlicher Lade-/Entladestrom I_{max}	30 C	-

15 kW. D.h. 75 % der erforderlichen Leistungen im Zyklus liegen $\leq$15 kW. Der Median der positiven Antriebsleistung beträgt 8,5 kW.

Der RDE weist eine maximale Antriebsleistung von 52 kW auf und erfordert somit eine deutlich höhere maximale Antriebsleistung im Vergleich zum WLTC.

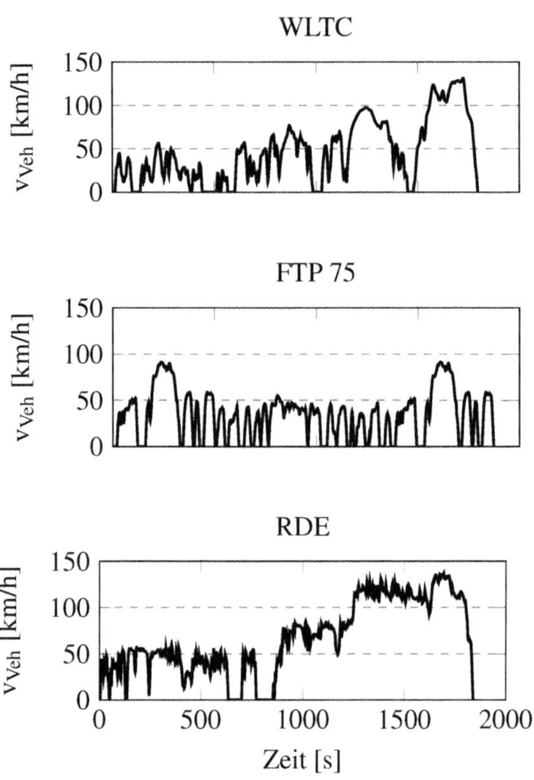

Abbildung 5.3: Vergleich der Geschwindigkeitsprofile der drei untersuchten Zyklen: WLTC, FTP75 und RDE-Zyklus

Ebenso liegt das obere Quantil bei 24 kW. Der Median liegt mit 10 kW in einem ähnlichen Bereich wie der des WLTC. Der FTP 75 stellt im Vergleich zu den zwei anderen Zyklen eine deutlich niedriglastigere Variante dar. Die maximal erforderliche Antriebsleistung liegt bei 18 kW. Das obere Quantil weist einen Wert von 10 kW auf. Mit 5,9 kW liegt auch der Median deutlich unterhalb der beiden anderen Zyklen.

Bzgl. der negativen Radleistung unterscheiden sich die drei Zyklen nur geringfügig. Die minimale Radleistung liegt für den RDE mit ca. - 30 kW deutlich unterhalb des WLTCs und FTPs mit -20 kW. Das 75 %-Quantil liegt für den

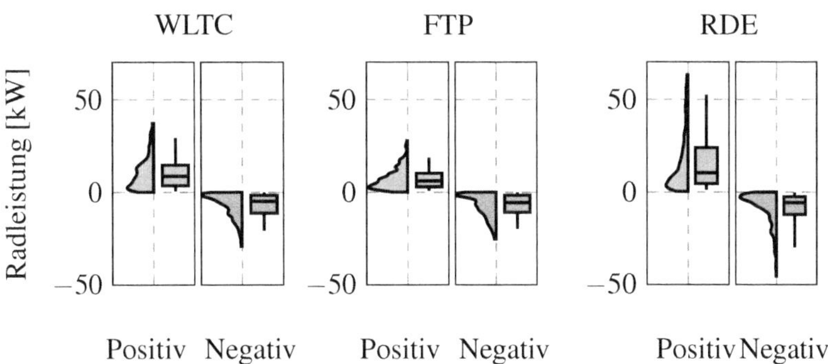

Abbildung 5.4: Vergleich der auftretenden Radleistungen der drei untersuchten Zyklen: WLTC, FTP75 und RDE-Zyklus

RDE bei -12 kW. Das untere Quantil der beiden anderen Zyklen liegt bei -11 kW. Der Median der negativen Radleistung liegt für den RDE bei -5,8 kW, für den FTP bei -5,6 kW und für den WLTC bei -5 kW.

Tabelle 5.6: Mindest-Anforderungen an das Hybrid-Konzept

Anforderung	Wert	Einheit
Höchstgeschwindigkeit v_{max}	≥ 180	$\mathrm{km\,h^{-1}}$
Beschleunigungszeit $t_{0\text{-}100\,\mathrm{km\,h^{-1}}}$	≤ 11	s
AER (nach WLTC)	≥ 15	km

Die Rahmenbedingungen bzw. Anforderungen an das zu entwickelnde Konzept sind in Tabelle 5.6 zusammengefasst. Das Fahrzeug soll eine minimale Höchstgeschwindigkeit von 180 $\mathrm{km\,h^{-1}}$ erfüllen. Weiterhin soll die Beschleunigung von 0 auf 100 $\mathrm{km\,h^{-1}}$ in unter 11 s bewerkstelligt werden. Die minimale Batteriekapazität wird über eine rein elektrische Reichweite (AER) von min. 15 km nach WLTC begrenzt. Durch die Definition nur weniger Anforderungen wird die Anzahl an möglichen Konfigurationen nur geringfügig eingeschränkt und der mögliche Suchraum groß gehalten. Die genaue Definition von Anforderungen kann im Entwicklungsprozess jedoch ein wichtiges Werkzeug zur Steigerung der Zeiteffizienz sein.

Abb. 5.5 zeigt die Darstellung des erstellten Versuchsplan mittels Latin Hypercube Sampling für den PS-Hybriden. Der Versuchsplan wird bzgl. der Gesamtübersetzung zwischen Rad und E-Maschine, bestehend aus Achsübersetzung und der Übersetzung der Traktionsmaschine, eingeschränkt. Die obere Grenze ist hierbei über die rein drehzahlbedingte Grenze der E-Maschine definiert, die bei der minimalen Höchstgeschwindigkeit von 180 $\mathrm{km\,h^{-1}}$ eine maximale E-Maschinen-Drehzahl von 12000 $\mathrm{min^{-1}}$ nicht überschreiten darf, da die EM nicht abkoppelbar angebunden ist. Die untere Begrenzung bzgl. der Gesamtübersetzung ergibt sich aus der Forderung einer AER von 15 km und der sich daraus ergebenden Notwendigkeit des elektrischen Anfahrens. Abb. 5.5 zeigt die Parametervariation der lokalen Parameter. Der selbige bzw. ähnliche Versuchsplan gilt auch für die SP-Topologie und die beiden verschiedenen Motorvarianten.

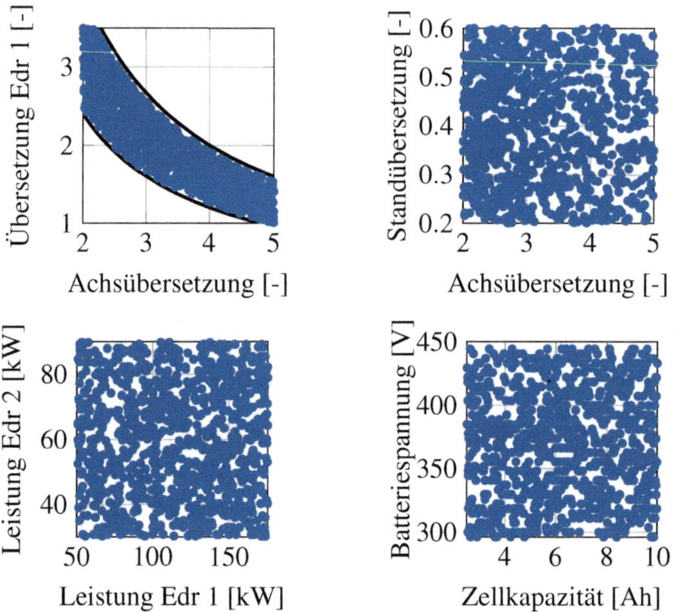

Abbildung 5.5: Untersuchter Parameterraum des DOE für die PS-Topologie

Abbildung 5.6 zeigt den entsprechend Versuchsplan für die SP-Topologie. Dieser stimmt weitestgehend mit dem des PS-Hybriden überein. Die Versuchspläne unterscheiden sich lediglich hinsichtlich der Gangübersetzung des parallelen Gangs des SP-Hybriden bzw. der Standübersetzung des Planetengetriebes des PS-Hybriden. Die weiteren lokalen Parameter sind identisch bei beiden Versuchsplänen.

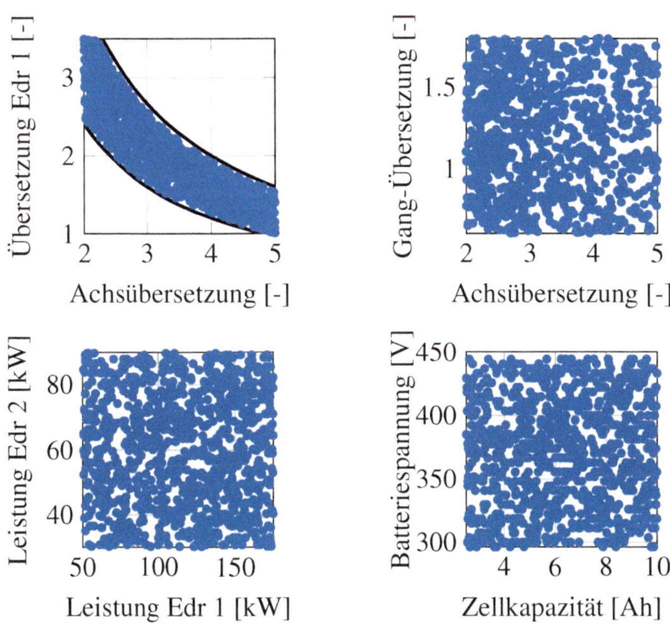

Abbildung 5.6: Untersuchter Parameterraum des DOE für die SP-Topologie

Für beide Topologien wird die (Taktions-) E-Maschine (Edr 1) zwischen 50 kW und 175 kW variiert. Die (Generator-) E-Maschine (Edr 2) wird zwischen 30 kW und 90 kW variiert, um die Leistung des cICE-Motors abzudecken. Die lokalen Versuchspläne beinhalten jeweils 1200 verschiedene Konfigurationen. Durch die Variation der Topologie und des Verbrennungsmotors ergeben sich somit 4800 mögliche Hybrid-Konfigurationen. Mit Hilfe der erstellten Versuchspläne werden im Folgenden die verschiedenen Stufen der entwickelten Methodik ausgeführt und das Vorgehen verdeutlicht.

5.2 Zugkraftbasierte Vorauswahl

Wie in Kapitel 3.4 beschrieben, werden die Konfigurationen des Versuchsplans anhand ihrer Leistungskennwerte überprüft. Abb. 5.7 zeigt die Auswertung der zugkraftbasierten Vorauswahl geeigneter Konzepte. Dabei stellt die linke Seite die Berechnungsergebnisse für den dhICE und die rechte Seite die Ergebnisse des cICE dar. In den oberen Diagrammen ist die maximale Geschwindigkeit der jeweiligen Konfiguration über der Gesamtübersetzung vom Rad bis zur E-Maschine, bestehend aus Achsübersetzung und E-Maschinen-Übersetzung, abgebildet. In den unteren Diagrammen ist die berechnete Beschleunigungszeit über der maximalen Edr-Leistung dargestellt.

Die horizontalen Linien stellen die minimal geforderte Höchstgeschwindigkeit bzw. die maximal zulässige Beschleunigungszeit nach Tab. 5.6 dar. Es ist zu erkennen, dass nur wenige Konfigurationen, die minimale Höchstgeschwindigkeit von 180 $\mathrm{km\,h^{-1}}$ nicht erreichen. Unter Anwendung der Einschränkung der Gesamtübersetzung $i_{\mathrm{Whl\text{-}Edr}}$, fällt nur eine geringe Zahl an Konfigurationen auf Grund zu geringer Antriebsleistung unter die geforderte Geschwindigkeitsgrenze. Die obere Begrenzung der Höchstgeschwindigkeit ergibt sich durch die maximale Drehzahl der Traktionsmaschine, die nicht abkoppelbar mit dem Abtrieb verbunden ist. Im Vergleich der beiden Motorvarianten ergeben sich bzgl. der erreichbaren Höchstgeschwindigkeit keine bzw. nur geringfügige Unterschiede. Bei Betrachtung der Beschleunigungszeit sind die Konfigurationen mit konventionellem Verbrennungsmotor durch das höhere erreichbare Drehmoment leicht zu kürzeren Beschleunigungszeiten verschoben.

Abbildung 5.8 zeigt die verbleibenden Konfigurationen nach der Berechnung und Überprüfung der geforderten Leistungskennwerte. Antriebsstrangkonfigurationen die, die Höchstgeschwindigkeit oder die geforderte Beschleunigungszeit nicht einhalten, werden aus den weiteren Betrachtung ausgenommen. Ebenso aus den weiteren Berechnungen ausgenommen werden Konzepte, deren verfügbare Gesamtzugkraft unterhalb der notwendigen Zugkraft zur Bewältigung des WLTC liegen. Hierbei ist zu erkennen, dass Konfigurationen mit einer E-Maschinen-Leistung $\leq$ 57 kW die Anforderungen nicht erfüllen. Bzgl. der Auslegung der Batterie bzgl. Spannungslage und Zellkapazität und dem damit maximal möglichen Entladestroms ist zu erkennen, dass die erforderliche Zellkapazität mit abnehmender Batteriespannung ansteigt. In diesem Zusam-

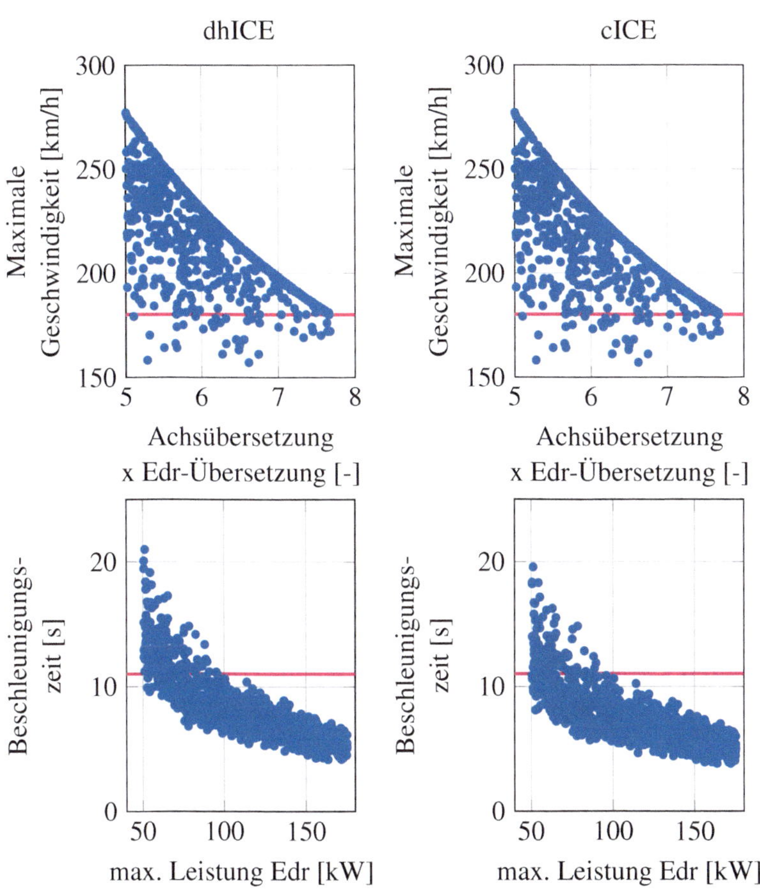

Abbildung 5.7: Vergleich der maximalen Geschwindigkeit und der Beschleunigungszeit $t_{0\text{-}100\,km/h}$ für einen SP-Hybriden mit dediziertem Hybrid-Verbrennungsmotor (dhICE) und konventionellen Motor (cICE)

menhang ist zu beachten, dass in der Vorauswahl die SoC-Abhängigkeit der Batteriespannung oder des Innenwiderstandes vernachlässigt wird. Abbildung A1.3 zeigt die potentiellen Ergebnisse für eine Auslegung anhand eines RDE-Zyklus für den SP-Hybriden. Dabei ist zu erkennen, dass die minimale Leistung

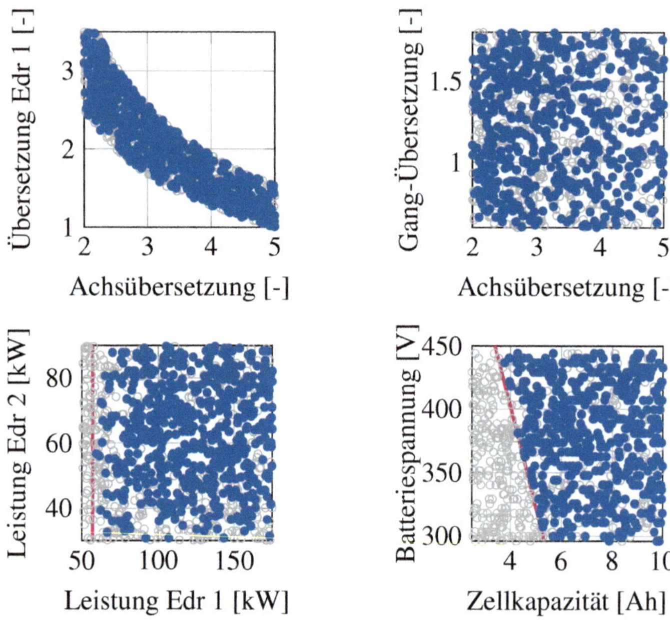

Abbildung 5.8: Verbleibende SP-Konfigurationen (blau) nach zugkraftbasierter Berechnung der Fahrbarkeit eines WLTC

der E-Maschine bei ca. $\geq$ 70 kW liegt und die Anzahl der in Frage kommenden Konfigurationen weiter eingeschränkt wird. Ebenso erfordert der RDE eine höhere Batterieleistung zur Erreichung einer AER von 15 km. Abhängig von der Batteriespannung sind Zellkapazitäten von 4 - 6 A h notwendig.

In Abbildung 5.9 ist die Beschleunigungszeit der jeweiligen Konzepte für eine Beschleunigung von 0 bis 100 $\mathrm{km\,h^{-1}}$ über der maximal erreichbaren Geschwindigkeit abgebildet. Die maximale Leistung der Antriebs-E-Maschine ist über die Farbskala dargestellt. Auch hier zeigt sich durch die Vorauslegung, dass nur eine geringe Anzahl an Konzepten die geforderte Höchstgeschwindigkeit nicht erreichen. Lediglich einige wenige Konzepte mit einer geringen maximalen Leistung der Traktionsmaschine fallen unter 180 $\mathrm{km\,h^{-1}}$. Es zeigt sich deutlich, dass in erster Linie die Leistung bzw. das Drehmoment der E-Maschine ausschlaggebend für die erreichbare Beschleunigungszeit ist und vor allem Konzepte mit leistungsstarken E-Maschinen kurze Beschleunigungszeiten erreichen.

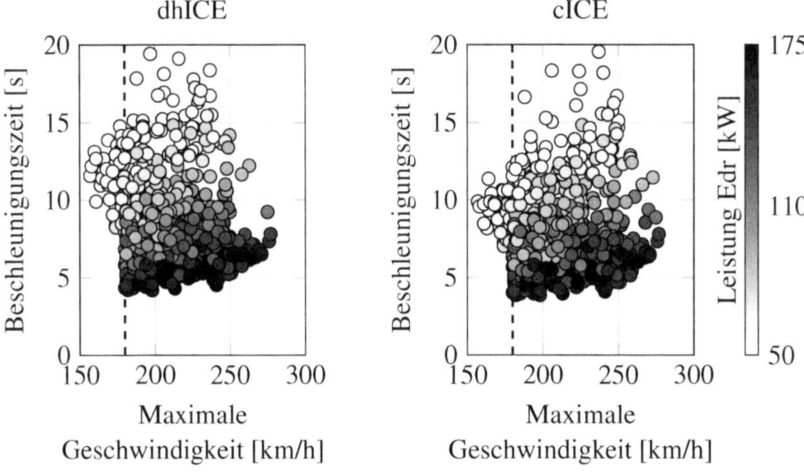

Abbildung 5.9: Beschleunigungszeit $t_{0\text{-}100\,km/h}$ für die untersuchten Konfigurationen des SP-Hybriden über der maximalen Geschwindigkeit des Konzepts

Verglichen mit den Ergebnissen des PS-Hybriden in Abbildung 5.10, zeigt sich jedoch auch, dass die Beschleunigungszeit $t_{0\text{-}100\,km/h}$ stark abhängig von der gewählten Übersetzung zwischen Rad und Verbrennungsmotor ist. Im Gegensatz zum SP-Hybriden weist der PS-Hybrid eine variable Übersetzung des Verbrennungsmotors auf den Antriebsstrang auf. D.h. der Verbrennungsmotor kann bereits bei geringen Fahrzeuggeschwindigkeiten eingesetzt werden und somit früh das Beschleunigungsvermögen des Fahrzeugs erhöhen, wohingegen der Einsatz des Verbrennungsmotors beim SP-Hybride stark von der Fahrzeuggeschwindigkeit abhängt. Ein frühzeitiges Unterstützen durch den Generator wird hierbei nicht einbezogen, da dies einen Schleppbetrieb des Verbrennungsmotors zur Folge hätte. Eine weitere Möglichkeit, die Beschleunigungszeit des SP-Hybriden zu optimieren, wäre der Einsatz mehrerer paralleler Gänge. D.h. neben einem Gang für den verbrennungsmotorischen Vortrieb bei hohen Geschwindigkeiten wird ein weiterer Gang mit einer hohen Übersetzung realisiert. Um die Vergleichbarkeit der Konzepte zu vereinfachen, werden lediglich SP-

Hybriden mit einem parallelem Gang betrachtet. Die Auswirkungen des frühen Einsatzes des Verbrennungsmotors beim PS-Hybriden zeigt sich in Abbildung 5.10. Nahezu alle Konzepte, auch diejenigen mit geringerer E-Maschinen Leistungen, erreichen Beschleunigungszeiten unter 15 s. Ebenso zeigen sich nur geringfügige Unterschiede zwischen den Konzepten mit dediziertem Hybridverbrennungsmotor und konventionellem Verbrennungsmotor.

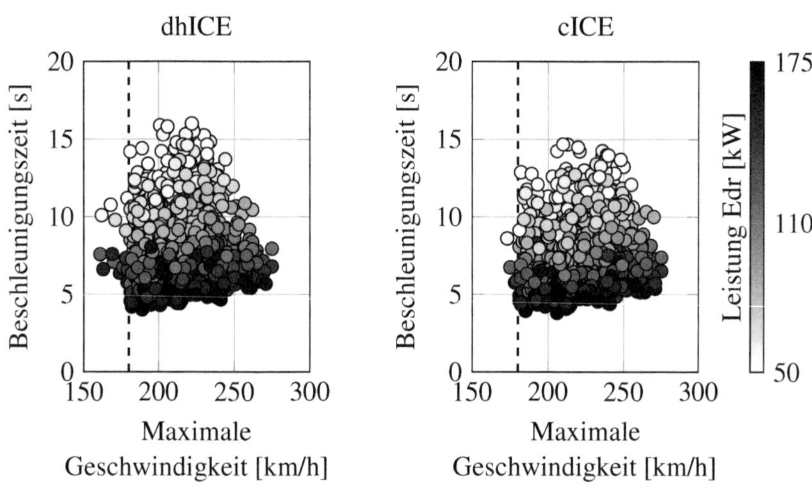

Abbildung 5.10: Beschleunigungszeit $t_{0\text{-}100\,\mathrm{km/h}}$ für die untersuchten Konfigurationen des PS-Hybriden über der maximalen Geschwindigkeit des Konzepts

Im Vergleich zu den vollständig besetzten Versuchsplänen mit jeweils 1200 Konzepten wird die Anzahl der zu untersuchenden Konfigurationen im Fall des SP-Hybrids auf 953 und im Fall des PS-Hybrids auf 977 Konzepte eingeschränkt. D.h. bereits durch die Definition und Überprüfung weit gefasster Anforderungen an das zu entwickelnde Fahrzeugkonzept kann die Anzahl zu untersuchender Konfigurationen um ca. 20 % gesenkt werden. Durch die Formulierung weiterer Anforderungen wie z.B. einer minimalen, rein elektrisch fahrbaren Geschwindigkeit, weitere Beschleunigungszeiten oder auch spezifischer Beschleunigungs- oder Steigungsvermögen, kann der Suchraum in der Praxis stark eingeschränkt werden.

5.3 CO_2-optimale Antriebsstrangkonfiguration

Im Folgenden wird die bereits in Kapitel 3 erläuterte Methodik fortgesetzt. Im Gegensatz zu der zuvor angewandten zugkraftbasierten Vorauswahl, werden simulative Ansätze verfolgt, um eine oder mehrere geeignete Konfigurationen an Hydriden-Triebsträngen zu identifizieren.

5.3.1 Global optimale Potentialermittlung

Entsprechend der entwickelten Methodik werden zunächst mit Hilfe des Dynamic Programmings die jeweiligen global optimalen Betriebsstrategien und die erreichbaren CO_2-Emissionen ermittelt. Die zwei verschiedenen Verbrennungsmotoren werden dabei jeweils gegenüber gestellt und die etwaigen Vorteile der Konzepte erläutert. Abbildung 5.11 zeigt die Simulationsergebnisse für die verschiedenen Konfigurationen des SP-Hybriden im WLTC in grau. Links sind die Ergebnisse des dedizierten Hybrid-Verbrennungsmotors dargestellt. Rechts sind die ermittelten CO_2-Emissionen der entsprechenden Konfigurationen unter Verwendung des konventionellen Verbrennungsmotors abgebildet. Sowohl die dhICE als auch die cICE-Varianten zeigen eine starke Abhängigkeit bzgl. der Gesamtübersetzung zwischen Verbrennungsmotor und Rad, während Abhängigkeiten von E-Maschinen-Leistung oder Batterieparametern nur eine untergeordnete Rolle für die erzielbaren CO_2-Emissionen spielen. Für beide Motorkonzepte zeigt sich ein deutliches Optimum bzgl. der Übersetzung $i_{\text{Ced-Whl}}$. In beiden Fällen wird eine Gesamtübersetzung aus parallelem Gang und Achsübersetzung von ca. 3 als optimal identifiziert. Dies entspricht für beide Motorvarianten einem möglichen Zustart des Verbrennungsmotors bei einer Fahrzeuggeschwindigkeit von ca. 32 $\text{km}\,\text{h}^{-1}$. Schwarz gekennzeichnet sind jeweils die 300 Konfigurationen mit den geringsten CO_2-Emissionen. In beiden Fällen weisen die 300 CO_2-optimalen Konzepte eine Gesamtübersetzung $i_{\text{Ced-Whl}}$ zwischen zwei und fünf auf.

Deutlich zu erkennen sind die Verbrauchsunterschiede zwischen den beiden Motorvarianten. Die global optimale Betriebsstrategie des Dynamic Programming weist für den dhICE im Optimum ca. 85 $\text{g}\,\text{km}^{-1}$ aus. Die effizienteste Konfiguration des konventionellem Verbrennungsmotors resultiert in ca. 91 $\text{g}\,\text{km}^{-1}$. Für beide Varianten steigen die Emissionen zu geringeren Übersetzungen sehr stark

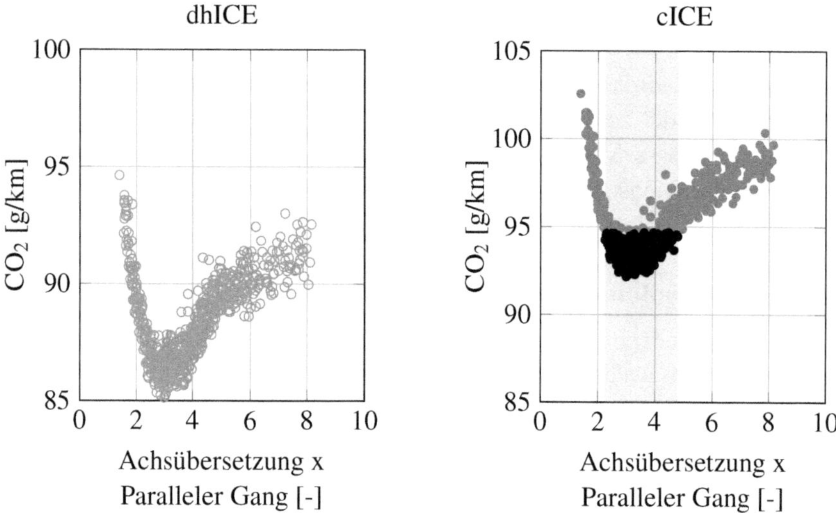

Abbildung 5.11: CO_2-Ergebnisse der DP-optimierten SP-Konfigurationen für den WLTC - grau hinterlegt sind die Ergebnisse des gesamten Parameterraums - schwarz sind jeweils die besten 300 Konfigurationen bzgl. CO_2

an, da ein effizienter Betrieb des Verbrennungsmotors im Drehzahlbereich von 2000 bis 4000 min^{-1} im parallelen Modus für geringere Geschwindigkeiten im WLTC nicht darstellbar ist. Durch den sinkenden Anteil der parallelen bzw. auch der konventionellen Betriebsmodi steigt zwangsweise der Anteil des seriellen Betriebs und damit auch der Anteil der doppelten Energiewandlung, wie in Abbildung 5.12 links dargestellt. Übersetzungen ≥ 5 ermöglichen den Betrieb des Verbrennungsmotors schon bei geringeren Drehzahlen. Dennoch überwiegt der rein elektrische Antrieb bei geringen Geschwindigkeiten aufgrund der hohen Effizienz des Elektromotors. Ebenso kann der Verbrennungsmotor durch eine hohe Gesamtübersetzung in Phasen hoher Geschwindigkeit nicht mehr effizient betrieben werden. Wodurch auch hier, wie in Abbildung 5.12 zu erkennen, die seriellen Fahranteile sowie deren Verluste wieder stark ansteigen. Entsprechend der Zunahme der seriellen Verlustanteile sinken die Verluste des rein konventionellen Betriebs aufgrund der Abnahme ihrer zeitlichen Anteile.

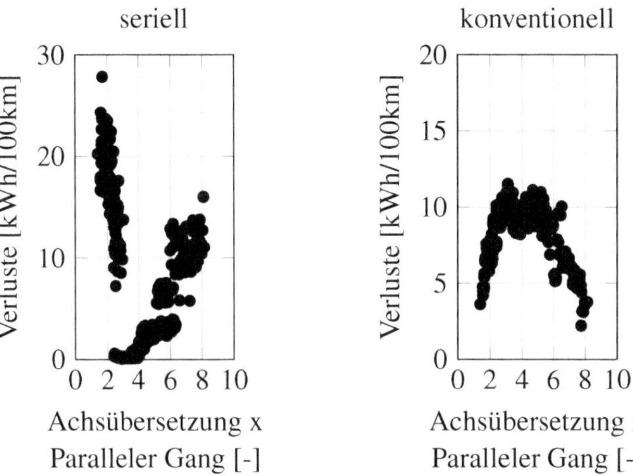

Abbildung 5.12: Verluste Verbrennungsmotor im seriellen *(links)* und konventionellen *(rechts)* Betrieb des DP-optimierten SP-Hybrids im WLTC.

Die aufsummierte Zeit, in der der Verbrennungsmotor an ist, ist in Abb. 5.13 dargestellt. Verglichen mit Abbildung 5.12 lässt sich erkennen, dass der Verbrennungsmotor bei einer Gesamtübersetzung von drei ca. 500 Sekunden Leistung bereitstellt. Dies entspricht unter Vernachlässigung der Stillstandsphasen ca. $\frac{1}{3}$ des WLTC, während die Verluste und zeitlichen Anteile des seriellen Betriebs auf ein Minimum sinken. D.h. trotz der optimierungsbasierten Auslegung der seriellen Betriebspunkte und der Übersetzung zwischen Verbrennungsmotor und Generator, vermeidet die DP-Betriebsstrategie den seriellen Betrieb und weist bei hohen Anteilen konventionellen Betriebs, optimale CO_2-Ergebnisse aus.

5.3.2 Ermittlung eines onlinefähigen Optimums

Nach der Ermittlung des global optimalen Potentials der Konfigurationen in einer grob diskretisierten Simulationsumgebung, wird die Granularität und der Funktionsumfang der Simulationsmodelle, wie in Kapitel 3.6 beschrieben, erhöht und mittels einer lokal optimalen Betriebsstrategie optimiert. Abb. 5.14

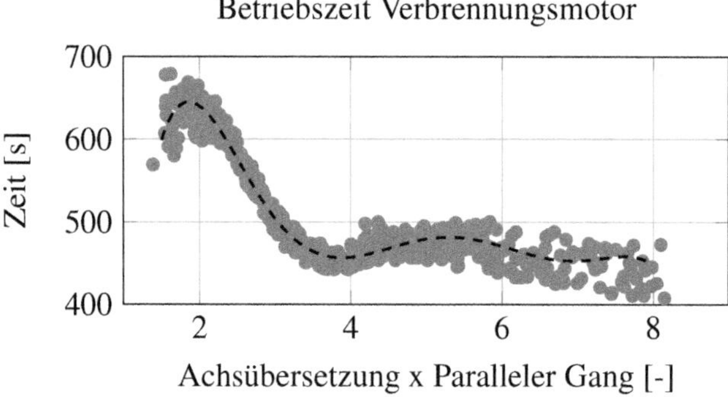

Abbildung 5.13: Gesamtbetriebszeit des Verbrennungsmotors des SP-Hybrids im WLTC über der Gesamtübersetzung

zeigt die ermittelten CO_2-Emissionen der SP-Konfigurationen im WLTC unter Anwendung der ECMS. Im Vergleich zu den Ergebnissen der DP-optimierten Betriebsstrategie zeigt sich ein ähnliches Verhalten bzgl. der Gesamtübersetzung zwischen Rad und Verbrennungsmotor.

Tabelle 5.7: Betriebsstrategieparameter ECMS

Parameter	Wert	Einheit
$s_{0,\text{laden}}$	2,6	[-]
$s_{0,\text{entladen}}$	2,8	[-]
K_p	5	[-]
K_i	0,02	[-]
Kosten Verbrenner an	5000	[W]
Kosten Verbrenner aus	0	[W]
Hysterese Verbrenner an-aus	5	[s]
Kosten Betriebspunktwechsel	50	[W]

Bzgl. dem Niveau der Absolutwerte der ermittelten CO_2-Emissionen zeigt sich, dass die mit der ECMS-Betriebsstrategie berechneten Werte für den dedizierten Hybridmotor sowohl bzgl. der Optima als auch der Maxima zwischen 4 und 5 g und für den konventionellen Motor ca. 6 g höher liegen. Hierbei ist zu beachten, dass alle Konfigurationen mit einem, in Tabelle 5.7 dargestellten, Parametersatz der adaptiven ECMS berechnet sind und somit nicht das mit einer ECMS erreichbare Optimum darstellen müssen. Abb. 5.14 zeigt die berechneten Ergebnisse für alle Konfigurationen, die die Leistungskennwerte der zugkraftbasierten Vorauswahl, erfüllen. Schwarz markiert sind die 300 Konfigurationen mit den, durch die DP ermittelten, geringsten CO_2-Emissionen. Die grau hinterlegte Fläche markiert das Intervall der Gesamtübersetzung innerhalb dessen die 300 optimalen Antriebsstrangkonfigurationen der ECMS liegen. Es ist zu erkennen, dass es im Vergleich zu den Simulationsergebnissen der DP zu einer leichten Verschiebung hin zu einer kleineren Gesamtübersetzung zwischen Rad und Verbrennungsmotor kommt. Beide Simulationsansätze weisen ein ausgeprägtes Optimum bei $i_{Ced\text{-}Whl} = 3$ für den dhICE aus. Für beide Motorvarianten spiegeln die ECMS-Ergebnisse das Optimum der DP mit sehr hoher Güte wider.

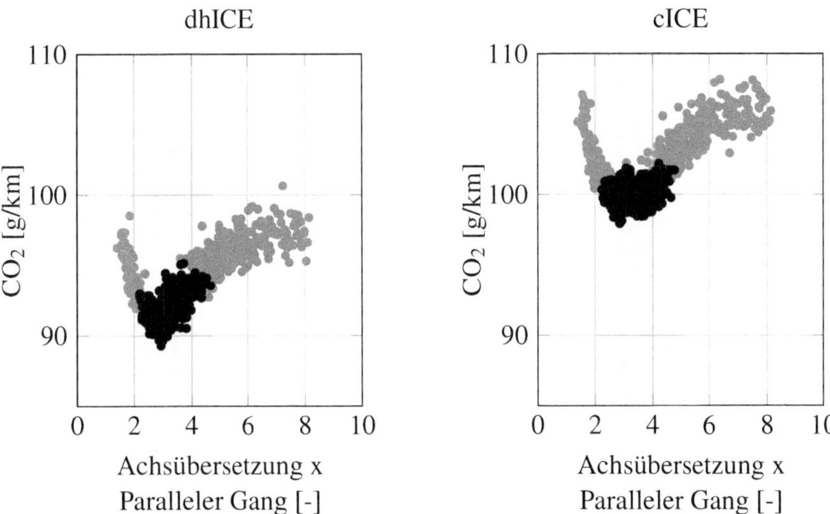

Abbildung 5.14: CO_2-Ergebnisse der ECMS-optimierten SP-Konfigurationen für den WLTC - grau hinterlegt sind die Ergebnisse des gesamten Parameterraums - schwarz sind jeweils die besten 300 Konfigurationen der DP bzgl. CO_2

Abb. 5.15 zeigt den Energiedurchsatz durch die Batterie für beide Motorvarianten, sowohl für die DP- als auch die ECMS-optimierte Betriebsstrategie. Es wird deutlich, dass gleichermaßen für den dhICE als auch den cICE die ECMS einen deutlich höheren Energiedurchsatz durch die Batterie aufweist. Wie bereits in Kapitel 4.2 gezeigt, erhöhen sich in Summe die Anteile der Lastpunktabsenkung bzw. -anhebung der ECMS gegenüber der DP. Dies resultiert in einem erhöhten Anteil notwendiger Energiewandlungen, die in einem höheren Energiedurchsatz resultiert.

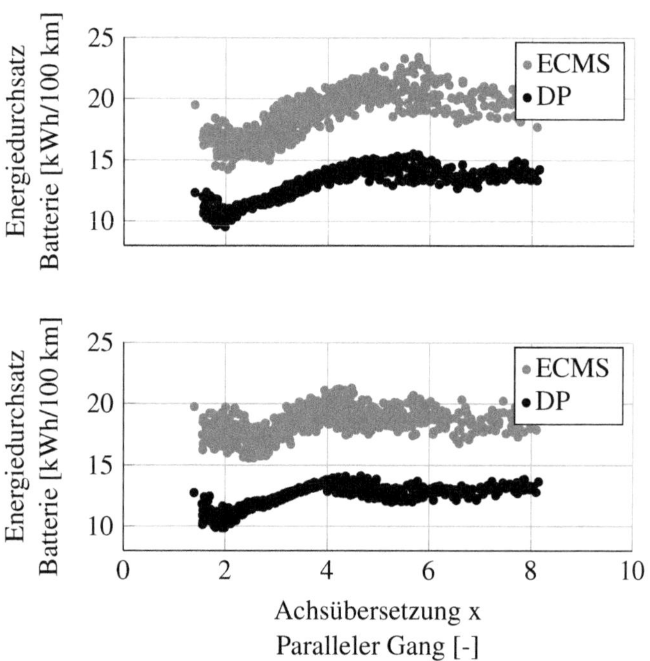

Abbildung 5.15: Vergleich des Energiedurchsatzes für einen SP-Hybrid durch die Batterie im WLTC. *oben*: dhICE. *unten*: cICE

Weiterhin ist zu erkennen, dass der qualitative Verlauf bzgl. der Übersetzung $i_{\text{Whl-Ced}}$ zwischen ECMS und DP eine hoher Übereinstimmung aufweist. Für beide Simulationsmodelle und -ansätze ist eine Erhöhung des Energiedurchsatzes durch die Batterie für Übersetzungen < 2 zu erkennen. Gleichfalls steigt der Energiedurchsatz für Übersetzungen > 2 an. Für den konventionellen Verbrennungsmotor ergibt sich für beide Simulationsansätze ein relativ konstant bleibender bzw. leicht sinkender Energiedurchsatz für Übersetzungen > 4, wohingegen der dedizierte Hybrid-Verbrennungsmotor für beide Ansätze einen ansteigenden Energiedurchsatz bis zu einer Übersetzung von sechs zeigt.

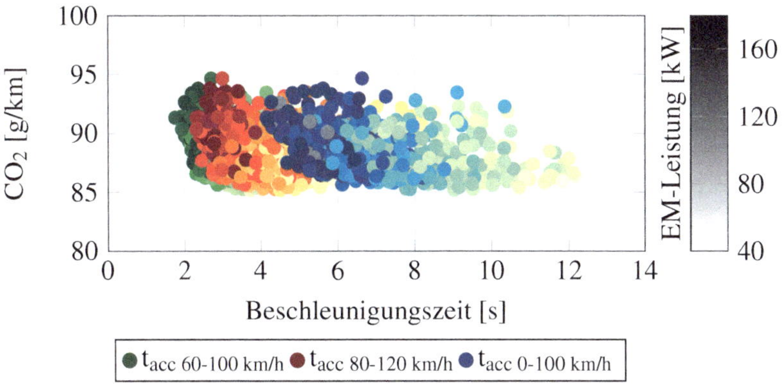

Abbildung 5.16: CO_2-Emissionen über verschiedenen Beschleunigungszeiten - SP | DP-Betriebsstrategie

Abbildung 5.16 und 5.17 stellen die CO_2-Emissionen in Abhängigkeit zu den Beschleunigungszeiten von 0 - 100 $\mathrm{km\,h^{-1}}$, 60 - 100 $\mathrm{km\,h^{-1}}$ und 80 - 120 $\mathrm{km\,h^{-1}}$ dar. Die Farbskalierung stellt dabei die maximale Leistung der E-Maschine dar. In beiden Darstellungen ist zu erkennen, dass Traktionsmaschinen mit einer hohen maximalen Leistung – bei entsprechender Übersetzung $i_{\text{Whl-Edr}}$ – in kurzen Beschleunigungszeiten resultieren. Die kleinsten Beschleunigungszeiten gehen jedoch entlang der Pareto-Front auch mit einer Erhöhung der CO_2-Emissionen einher. D.h. E-Maschinen hoher Leistung arbeiten im WLTC in Bereichen geringerer Effizienz. Weiterhin bietet es sich an, Beschleunigungszeiten bei hohen Geschwindigkeiten in die Betrachtung bzw. Bewertung der Konzepte mitaufzunehmen. Je nach E-Maschinen Charakteristik und Antriebsstrangübersetzungen, bietet eine kleine Übersetzung $i_{\text{Whl-Edr}}$ kurze Beschleunigungszeiten bis 100 $\mathrm{km\,h^{-1}}$, jedoch resultiert eine kleine Übersetzung häufig in langen Beschleunigungzeiten innerhalb hoher Fahrzeuggeschwindigkeiten - wenn das abnehmende Drehmoment der E-Maschine nicht durch eine geeignete Wahl einer Übersetzung $i_{\text{Ced-Whl}}$ kompensiert wird. Der Vergleich der CO_2-Emissionen über den Beschleunigungszeiten zwischen DP und ECMS zeigt, dass beide Betriebsstrategien und Simulationsansätze eine sehr ähnliche Charakteristik identifizieren. Ebenso wie die DP-Ergebnisse weist auch die ECMS einen Verbrauchsvorteil für die E-Maschinen geringerer oder mittlerer Leistung aus. In Anbetracht der geforderten Beschleunigung von ≤ 11 s für eine Beschleunigung von 0 bis 100 $\text{km}\,\text{h}^{-1}$, kann ein Einbeziehen der Kosten in die Betrachtung und den Entscheidungsprozess sinnvoll sein.

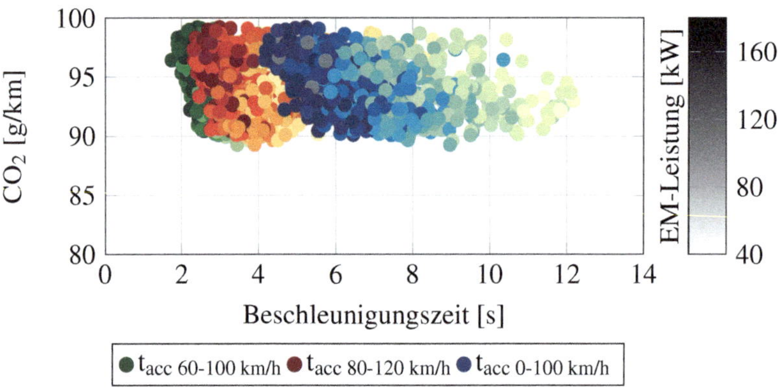

Abbildung 5.17: CO_2-Emissionen über verschiedene Beschleunigungszeiten - SP | ECMS-Betriebsstrategie

Im Folgenden wird auf eine Bewertung der Fahrleistungsdaten verzichtet. Lediglich die Anforderungen aus Tabelle 5.6 und die ermittelten CO_2-Emissionen werden zur Bewertung herangezogen.

Die Übereinstimmung der einzelnen Varianten zwischen DP und ECMS ist in Abb. 5.18 dargestellt. Auf der Abszisse ist die Anzahl der untersuchten Konfigurationen abgebildet. Die Ordinate gibt die prozentuale Übereinstimmung zwischen den durch die DP und die ECMS berechneten Ergebnissen für die diese Varianten an. D.h. werden beispielsweise die zehn Konfigurationen mit den geringsten CO_2-Emissionen im WLTC der DP mit den zehn besten Konfigurationen der ECMS verglichen, stimmen ca. 50 % der Konfigurationen überein. Werden die 100 CO_2-optimalen verglichen, steigt die Übereinstimmung auf 69 %. Ab einer Anzahl an untersuchten Konfigurationen von 200, steigt die Übereinstimmung zwischen den Simulationsansätzen auf > 80 %. Mehr als 90 % der Varianten werden gleichermaßen von DP und ECMS für die drei Zyklen WLTC, RDE und FTP75 als optimal identifiziert, wenn 300 Konfigurationen in Betracht gezogen werden. Während beim WLTC bereits bei wenigen Varianten eine hohe Übereinstimmung herrscht, kommt es für die beiden anderen Zyklen erst ab ca. 25 bis 50 Konfigurationen zu Überdeckungen. Abb. 5.19 zeigt die Überdeckung der 300 CO_2-effizientes Varianten für die DP und ECMS berechneten Ergebnisse.

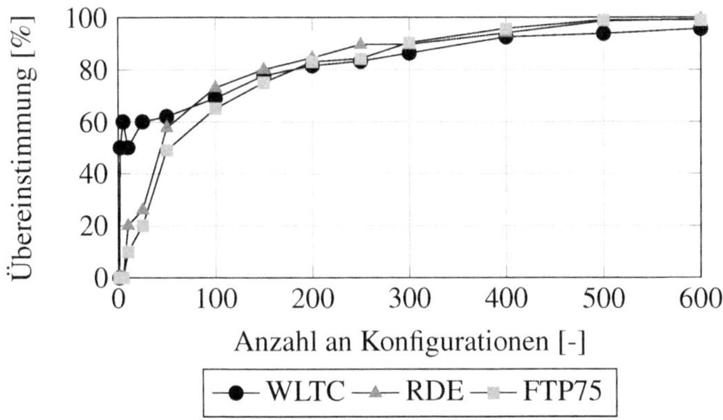

Abbildung 5.18: Prozentuale Übereinstimmung der bzgl. der CO_2-Emissionen als optimal identifizierten DP- und den entsprechenden ECMS-Varianten. SP-Hybrid | WLTC | dhICE

D.h. zwischen den zwei unterschiedlichen Simulationsmodellen bzw. -ansätzen und den beiden Betriebsstrategien DP und ECMS zeigt sich bezogen auf die CO_2-Emissionen eine sehr hohe Übereinstimmung des qualitativen Verlaufs bzgl. der Gesamtübersetzung zwischen Rad und Verbrennungsmotor. Um eine bestimmte Anzahl optimaler Konfigurationen der DP in den Varianten der ECMS mit einer hohen Wahrscheinlichkeit wiederzufinden, muss der Suchraum leicht erweitert werden. Dies ist zum einen auf die lokal optimale Lösung der ECMS zurückzuführen. Zum anderen kommt es durch die in der entwickelten Methodik detaillierte Modellierung und vor allem durch die betriebsstrategischen Eingriffe der ECMS-Applikation zu Unterschieden in der Betriebsführung des Hybriden. Durch die Eingriffe der Strafkosten in den Betrieb des Fahrzeugs wird ein real fahrbares Verhalten sichergestellt. Dies führt jedoch unter Umständen zu einer Erhöhung der CO_2-Emissionen. Gleichermaßen zeigt sich, dass die DP-Stufe als robuste Simulationsumgebung gut geeignet ist um eine Vorauswahl an Konfigurationen zu ermitteln. Da hierbei keine betriebsstrategischen Eingriffe vorgenommen werden, um eine Fahrbarkeit des Konzepts sicher zu stellen, stellen die Ergebnisse eine reine Potentialabschätzung dar, die in einem Fahrzeug nicht darstellbar sind.

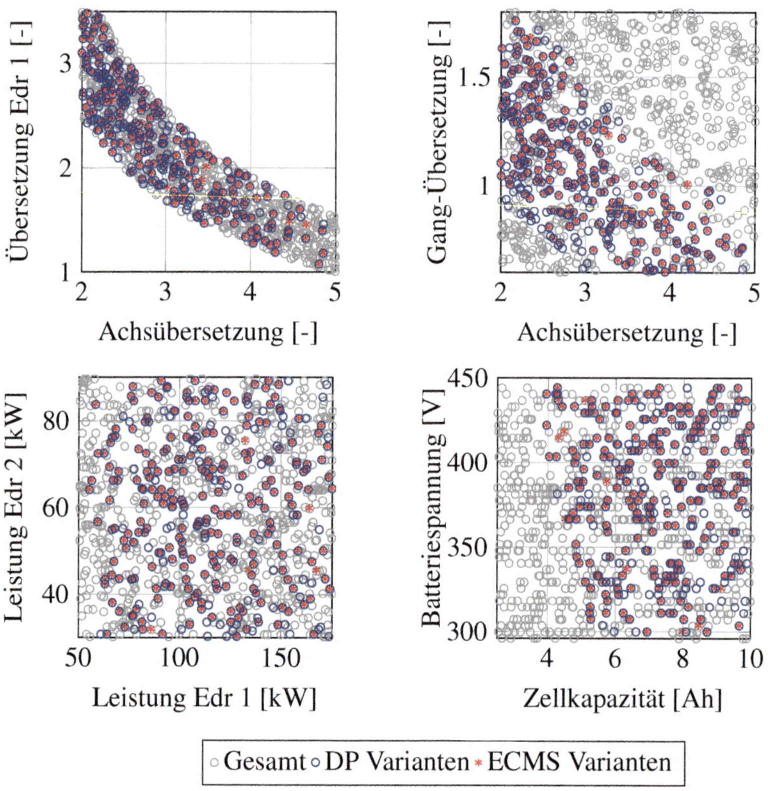

Abbildung 5.19: Untersuchter Parameterraum des DOE für die SP-Topologie

Im vorangegangen Beispiel wurden für die Auswahl der ECMS-Varianten die 300 DP-optimalen Konfigurationen gewählt. Je nach Anzahl der gesuchten Antriebsstrangkonfigurationen, kann der Suchraum weiter eingeschränkt werden. Ist nur eine geringe Anzahl an Konfigurationen gesucht, können bereits 150 der DP-Varianten für weitergehende Berechnungen ausreichend sein. Diese beinhalten, sowohl für den WLTC als auch den RDE und den FTP75, die entsprechenden 120 optimalen ECMS-Varianten. Weitergehend kann durch eine Analyse der Abhängigkeiten der CO_2-Emissionen bzgl. variierten Parametern der Suchraum bei zeitkritischen Anwendungen weiter reduziert werden. Als weitere Kriterien zur Einschränkung der Anzahl zu untersuchender Konfigurationen können beispielsweise auch die ermittelten Leistungsdaten dienen. Durch die Reduzierung des Suchraums auf 300 Varianten, kann die Berechnung der ECMS-optimierten Varianten in ca. 1,8 h erfolgen. Die zuvor erfolgte Berechnung der DP-optimierten CO_2-Emissionen ermöglicht somit zum einen eine erste Einschätzung der Sensitivitäten bzgl. der variierten Parameter als auch eine Bewertung der Simulationsergebnisse der ECMS-basierten Berechnung im Sinne eines Benchmarkings.

Abbildung 5.20 zeigt die Simulationsergebnisse des PS-Hybrids im WLTC unter Anwendung einer DP-Betriebsstrategie. Beide Variationen wurden für den dedizierten Hybrid-Verbrennungsmotor als auch den konventionellen Motor durchgeführt. Die CO_2-Emissionen sind, analog zum SP-Hybriden, über dem Produkt aus Achsübersetzung und dem Kehrwert der Standübersetzung aufgetragen. Die Standübersetzung des einfachen Planetengetriebes ist definiert als das Verhältnis aus der Zähnezahl des Hohlrades (Ring) und der Zähnezahl der Sonne.

$$i_0 = -\frac{z_{Ring}}{z_{Sonne}} \qquad \text{Gl. 5.1}$$

Es zeigt sich, dass auch hier eine starke Abhängigkeit der erzielbaren CO_2-Emissionen besteht. Betragsmäßig liegen diese im Optimum leicht unterhalb des SP-Hybrids. Ebenso liegt der Verbrauchsvorteil des dedizierten Hybrid-Verbrennungsmotors gegenüber dem konventionellem Motor bei ca. sechs $\mathrm{g\,km^{-1}}$. Dabei weist diese gegenüber der dhICE-Variante eine geringere Sensitivität bzgl. der Gesamtübersetzung auf. Die geringsten CO_2-Emissionen werden vor allem bei der dhICE-Variante bei maximalen E-Maschinenleistungen zwischen 50 und 105 kW erzielt. Die maximale Leistung des Generators hat auf den Verbrauch lediglich einen untergeordneten Einfluss.

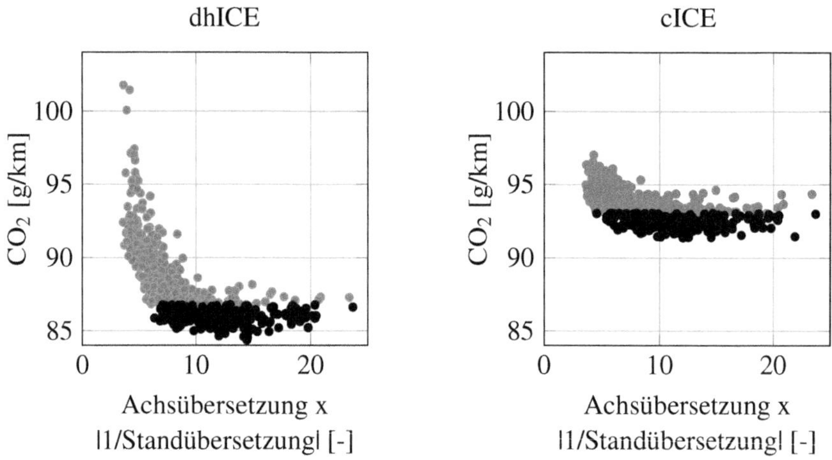

Abbildung 5.20: CO_2-Ergebnisse der DP-optimierten PS-Konfigurationen für den WLTC

Abbildung 5.21 zeigt die entsprechenden Ergebnisse der ECMS-optimierten Simulation für den PS-Hybrid. Für den dhICE-Motor zeigt sich eine sehr ähnliche Sensitivität bzgl. der Gesamtübersetzung wie bei der DP. Im Gegensatz zu den Ergebnissen der DP, weisen die Ergebnisse der ECMS für den konventionellen Motor eine höhere Sensitivität bzgl. höherer Gesamtübersetzungen, so dass sich das Optimum leicht zu geringeren Übersetzungen verschiebt. Eine ähnliche, weniger ausgeprägte, Sensitivität zeigt auch die ECMS-optimierte dhICE-Variante. Auch hier zeigt sich für beide Varianten, dass Konzepte mit einer E-Maschine geringerer Leistung Vorteile bzgl. der CO_2-Emissionen haben. Verglichen mit den Ergebnissen DP zeigt sich, dass für beide Motor-Varianten das Intervall der identifizierten optimalen Übersetzungen deutlich eingeschränkter ist. Dies ist vor allem beim cICE-Motor zu beobachten. Während die DP auch bei hohen Übersetzungen CO_2-Emissionen erzielt, die unter die 300 besten Konfigurationen fallen, weist die ECMS bei hohen Übersetzungen deutlich höhere CO_2-Emissionen aus.

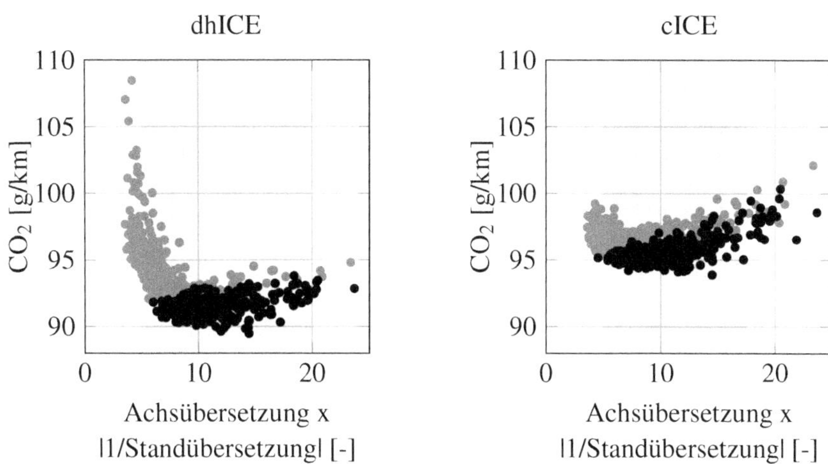

Abbildung 5.21: CO_2-Ergebnisse der ECMS-optimierten PS-Konfigurationen für den WLTC

Abbildung 5.22 zeigt die Übereinstimmung zwischen den berechneten Varianten der DP und der ECMS für den PS-Hybrid im WLTC für den dhICE. Es ist zu erkennen, dass die Übereinstimmung der verschiedenen Varianten trotz unterschiedlicher Betriebsstrategien sehr hoch ist. Besonders bei den Ergebnissen des WLTCs zeigen sich bereits bei wenigen betrachteten Konfigurationen hohe Übereinstimmungen. Die ECMS identifiziert drei der 5 DP-optimalen Varianten als verbrauchseffizient. Bei zehn Konfigurationen kommt es zu einer Übereinstimmung von 90 %. Auch bei einer Erweiterung des Suchraums weisen die Ergebnisse des WLTCs Übereinstimmungen > 90 % auf. Wohingegen für die Zyklen RDE und FTP erst ab einer betrachteten Zahl von 200 Übereinstimmungen > 75% erzielt werden. D.h. durch eine (geringfügige) Erweiterung des Suchraums kann mit einer hohen Wahrscheinlichkeit das Optimum der DP aufgefunden werden. Dabei ist stets zu beachten, dass das globale Optimum der DP – bzgl. der Antriebsstrangkonfigurationen – nicht zwangsweise dem globalen Optimum der ECMS oder einer Umsetzung im Fahrzeug entsprechen muss. Die verbleibenden Konfigurationen für beide Betriebsstrategien sind in Abb. A1.4 dargestellt.

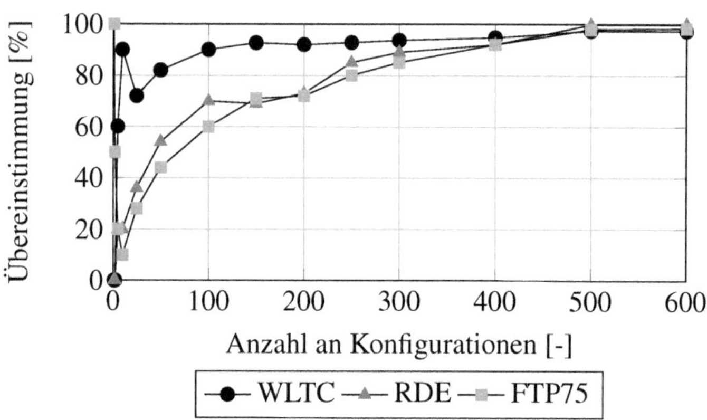

Abbildung 5.22: Prozentuale Übereinstimmung der bzgl. der CO_2-Emissionen als optimal identifizierten DP- und den entsprechenden ECMS-Varianten. PS-Hybrid | WLTC | dhICE

Die gezeigten Ergebnisse weisen aus, dass es trotz unterschiedlicher physikalischer Modellierung und zweier verschiedener Betriebsstrategien zu hohen Übereinstimmungen zwischen den Simulationsumgebungen kommt. So werden Antriebsstrangparameter in beiden Ansätzen innerhalb ähnlicher Bereiche als optimal identifiziert. Folglich ist die DP-optimierte grob granulare Simulation gut geeignet, um eine Vorauslegung eines Antriebsstrangs vorzunehmen und den Suchraum für die Auffindung einer optimalen Konfiguration einzuschränken.

Sowohl für die beiden Topologie-Varianten SP- und PS-Hybrid, als auch die Motorvarianten dhICE und cICE, zeigen sich hohe Übereinstimmungen zwischen denen mittels DP und ECMS berechneten Ergebnissen. Dennoch ist in der Detailbetrachtung zu erkennen, dass sich beide Ansätze in der Identifizierung optimaler Antriebsstrangkonfiguationen leicht unterscheiden. D.h. zum einen kann nicht bereits nach der Berechnung der DP-optimalen Ergebnisse eine zu starke Einschränkung des Suchraums erfolgen. Zum anderen ist stets zu beachten, dass das globale Optimum nicht dem Optimum der ECMS-Varianten entsprechen muss.

Tabelle 5.8: Konfigurationen der zehn SP-Varianten entsprechend Abb. 5.23 im WLTC

Variante	Parameter								
	Achsübersetzung [-]	Übersetzung paralleler Gang [-]	Gesamtübersetzung $i_{Ced\text{-}Whl}$ [-]	Serielle Zellen [-]	Zell Kapazität [Ah]	Leistung E-Maschine [kW]	Leistung Generator [kW]	Übersetzung E-Maschine [-]	Übersetzung Generator [-]
1	2.67	1.09	2.93	104	9.59	100	53	2.10	2.18
2	3.50	0.85	2.98	108	8.93	79	36	2.11	2.18
3	2.14	1.34	2.86	90	9.23	103	46	3.30	2.18
4	3.40	0.92	3.14	120	9.08	89	41	2.13	2.18
5	2.33	1.31	3.05	101	9.62	96	42	3.12	2.18
6	4.27	0.70	2.98	83	8.52	113	77	1.55	2.18
7	3.58	0.74	2.65	95	8.20	90	50	1.76	2.18
8	3.62	0.82	2.97	94	9.08	128	52	1.49	2.18
9	3.08	0.93	2.86	81	8.71	165	39	1.91	2.18
10	2.26	1.20	2.72	102	8.21	68	76	3.33	2.18
11	2.57	0.81	2.07	104	8.50	89	62	2.74	2.18
12	2.67	1.63	4.34	93	9.55	85	51	2.21	2.18
13	4.90	1.37	6.74	94	7.06	110	66	1.26	2.18
14	2.10	0.66	1.39	119	8.99	156	78	2.58	2.18

5.3.3 Validierung mittels dynamischer Simulation

Im Folgenden werden die Ergebnisse der quasistationären ECMS mit der detaillierteren dynamischen ECMS verglichen und bewertet. Hierbei liegt das Hauptaugenmerk auf den ermittelten CO_2-Emissionen im Vergleich der beiden Simulations-Ansätze. Für die Modellvalidierung bzgl. der physikalischen Modellierung und dem Vergleich der Betriebsstrategie sei auf Kapitel 4.1 verwiesen. Abbildung 5.23 zeigt die Ergebnisse aller Konfigurationen der quasistationär gerechneten ECMS. In schwarz hervorgehoben sind die 10 verbrauchsärmsten Konfigurationen, sowie vier weitere ausgewählte Varianten um die qualitative Abhängigkeit bzgl. der Gesamtübersetzung darzustellen und zu plausibilisieren. In Tabelle 5.8 sind die Parameter der gekennzeichneten Varianten dargestellt.

Es zeigt sich, dass es zu einer hohen qualitativen Übereinstimmung der quasistationär berechneten und der dynamisch berechneten ECMS kommt. Beide Simulationsansätze zeigen eine ähnliche Abhängigkeit der CO_2-Emissionen

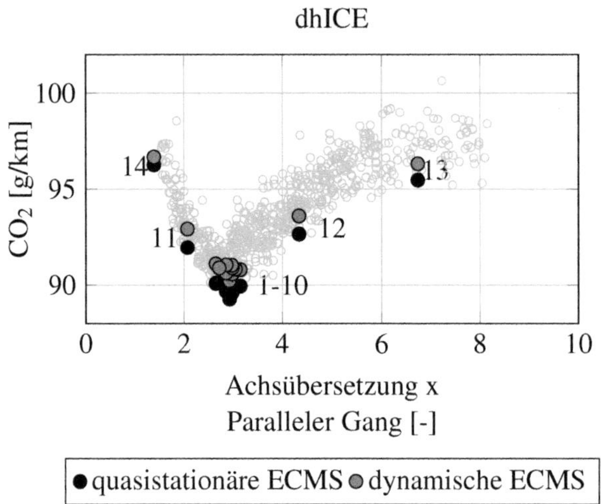

Abbildung 5.23: Vergleich der CO_2-optimalen Varianten der quasistationären ECMS-Simulation und der dynamischen Vorwärtssimulation für einen SP Hybriden im WLTC

bzgl. der Gesamtübersetzung zwischen Rad und Verbrennungsmotor. Dabei weisen die ermittelten CO_2-Emissionen der dynamischen ECMS ein annähernd konstantes Offset auf. Wie auch anhand der Fehlerbalken in Abbildung 5.24 zu erkennen ist, beträgt die Differenz ca. 1 g. Es ist zu erkennen, dass für alle Varianten in der dynamischen Simulation ein leicht höherer Verbrauch ermittelt wird. Für alle 14 Validierungsvarianten liegen die CO_2-Emissionen $\leq 1\,\mathrm{g\,km^{-1}}$ höher als die der quasistationären Simulation.

Wie bereits in Kapitel 4.1 beschrieben, sind die Unterschiede in den ermittelten CO_2-Werten zum einen auf eine sich unterscheidende Betriebsführung des Hybriden zurückzuführen. Während die Drehmomente der Antriebsaggregate für die quasistationäre Simulation stets direkt abhängig von der geforderten Radlast sind – abgesehen von den seriellen Nachladebetriebspunkten des SP-Hybrids – wird innerhalb der dynamischen Simulation bzgl. der Drehmomente bzw. Drehzahl des Verbrennungsmotors diskretisiert. Des weiteren folgt die Rückwärtssimulation prinzipbedingt stets dem vorgegebenen Geschwindigkeitsprofil bzw. werden Drehzahlen und -momente auf Basis dessen ermittelt.

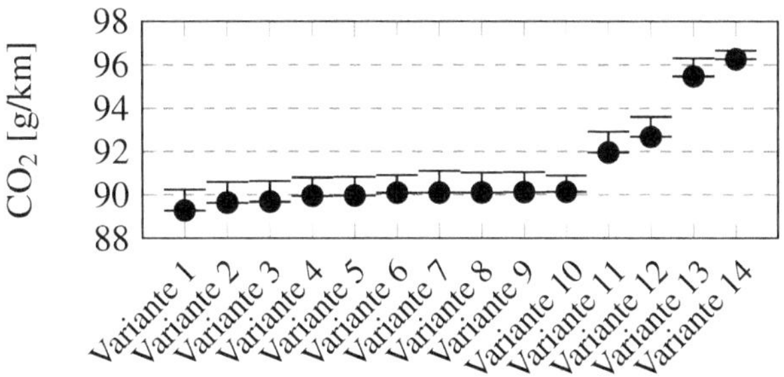

Abbildung 5.24: CO_2-Werte und Abweichungen zwischen den Simulationsansätzen für die in Abbildung 5.23 gezeigten Varianten

Die dynamische Vorwärtssimulation hingegen ist in der Lage, das simulierte Fahrzeug je nach Bedatung des Fahrerreglers über oder unter der geforderten Soll-Geschwindigkeit zu betreiben. Hierdurch kann es zu Abweichungen zwischen den Radleistungen zwischen den beiden Simulationsansätzen kommen. Berechnungen zeigen, dass dies vor allem bei synthetischen Fahrprofilen wie dem NEFZ zeitweise zu deutlichen Unterschieden der am Rad umgesetzten Energie führen kann. Zyklen, die einem realen gefahrenen Geschwindigkeitsprofil folgen, wie beispielsweise RDE-Zyklen oder dem WLTC, weisen bei moderat eingestellten Fahrerreglern nur geringe Abweichungen bzgl. der Radlasten gegenüber dem Soll-Geschwindigkeitsverlauf der Rückwärtssimulation auf. Zum anderen sind Unterschiede in den CO_2-Emissionen auf Modellunterschiede, wie z.B. die Modellierung der Batterie, zurückzuführen. Während das quasistationäre Modell auf ein ideales Batteriemodell zurückgreift, dessen innerer Widerstand sowie der Widerstand eines RC Gliedes über Kennlinien abgebildet werden, verwendet die dynamische Simulation ein dynamisches Modell mit zwei RC-Gliedern. Weiterhin ist die dynamische Simulation in der Lage, Startvorgänge des Verbrennungsmotors im physikalischen Sinne genauer abzubilden. Die quasistationäre Simulation bedient sich einer Verbrauchskorrektur für Startvorgänge des Verbrennungsmotors. Diese ist abhängig vom Betriebspunkt und dessen Drehzahl, in die der Verbrennungsmotor gestartet wird. Weiterhin wird die notwendige elektrische Energie aus der Batterie für den Startvorgang festgelegt. Dabei wird immer von einem Hochdrehzahlstart in den Leerlauf des Motors ausgegangen, wobei diesen je nach Konzept der Generator (SP, PS) oder die Traktionsmaschine (P2) bewerkstelligen.

Tabelle 5.9: Kennwerte für die optimale Konfiguration dhICE SP im WLTC

Kennwert	quasistationäre ECMS	dynamische ECMS	Delta	Einheit
CO_2	89,27	90,23	0,96	[g/km]
Motorstarts	7	8	1	[-]
Zeit Motor An	371,7	382,3	10,6	[s]
∅ Zeit Motor an	53,0	47,8	5,2	[s]
Energiedurchsatz Batterie	15,13	15,23	0,1	[kWh/100km]
Start SoC [1]	59,8	60,48	0,68	[%]
SoC Minimum [1]	46,1	46,8	0,7	[%]
Anzahl Iterationsschritte	3	3	0	[-]

[1] für den letzten Iterationsschritt

In Tabelle 5.9 sind verschiedene Kennwerte für die als optimal identifizierte Variante des SP-Hybrids im WLTC für die dhICE-Motorvariante für beide Simulationsansätze dargestellt. Mit 89,27$\mathrm{g\,km^{-1}}$ liegt die quasistationäre Simulation ca. 1$\mathrm{g\,km^{-1}}$ unterhalb des CO_2-Wertes der dynamischen Simulation. Auch mit sieben Motorstarts im WLTC, liegt die Rückwärssimulation unterhalb der Vorwärtssimulation. Beide Simulationsansätze weisen eine ähnliche Zeit aus, in der der Verbrennungsmotor betrieben wird. Durch die ähnliche Zahl der Motorstarts ist auch die durchschnittliche Zeit für die der Motor eingeschaltet wird in einem ähnlichen Bereich und unterscheidet sich nur um 6 s. Ebenso wird der Energiedurchsatz durch die Batterie über die quasistationäre ECMS mit einer sehr hohen Genauigkeit abgebildet. Auch die ähnlichen SoC-Kennwerte zwischen den Ansätzen weisen zum einen auf eine hohe Übereinstimmung des Batterieverhaltens, als auch eine ähnliche Betriebsstrategie hin. Beide Ansätze erreichen nach drei Iterationschritten einen SoC-Ausgleich und weisen einen ähnlichen Entladehub auf. Das leicht abweichende Betriebsverhalten ist dabei, neben der unterschiedlichen Modellierung, durch die unterschiedliche Berechnung der applikativen Kosten zu erklären. Während die quasistationäre ECMS bei der Wahl der Betriebspunkte die Kosten bzw. notwendige Leistung für den Motorstart bereist zusätzlich zu den applikativen Strafosten für Motorstarts in die Kostenfunktion einbezieht, werden diese in der dynamischen Simulation nicht in die Betrachtung aufgenommen.

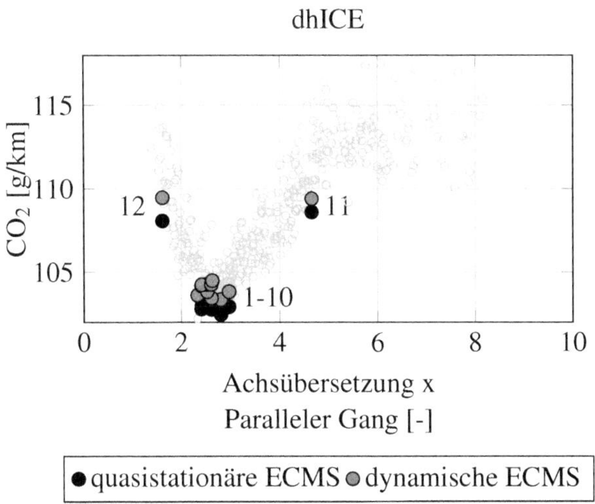

Abbildung 5.25: Vergleich der CO_2-optimalen Varianten der quasistationären ECMS-Simulation und der dynamischen Vorwärtssimulation für einen SP Hybriden im RDE

Abb. 5.25 zeigt in schwarz zehn, mit Hilfe der quasistationären ECMS ermittelten, optimalen Konfigurationen für den SP Hybrid im RDE Zyklus. Weiterhin sind zwei nicht-optimale Varianten abgebildet, um die Abhängigkeit der Gesamtübersetzung qualitativ bewerten zu können. In grau dargestellt sind die CO_2-Emissionen der dynamischen ECMS abgebildet. Auch hier ist zu erkennen, dass die qualitative Abhängigkeit mit hoher Güte abgebildet werden kann. Das Fehlerbalkendiagramm in Abb. 5.26 weist auch hier leicht erhöhte Verbräuche aus. Die absoluten Abweichungen liegen hier $\leq 1{,}3\,\mathrm{g\,km^{-1}}$. Es zeigt sich jedoch, dass es im Gegensatz zu den Ergebnissen des WLTC, zu leichten Verschiebungen der optimalen Varianten kommt. Während die quasistationäre Simulation Variante 1 als globales Optimum ausweist, ermittelt die dynamische ECMS Variante 2 als optimale Konfiguration.

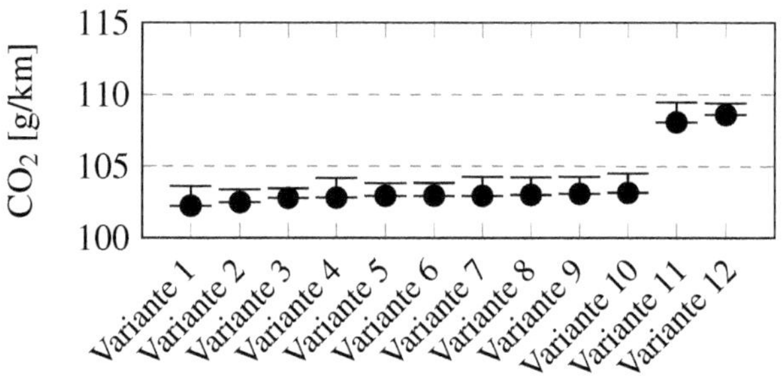

Abbildung 5.26: CO_2-Werte und Abweichungen zwischen den Simulationsansätzen für die in Abbildung 5.25 gezeigten Varianten

Im Vergleich der optimalen Konfigurationen des RDE in Tabelle 5.10 zu den Ergebnissen des WLTC zeigt sich deutlich, dass sowohl die quasistationäre als auch die dynamische ECMS das Optimum für die RDE-Simulation bei einer Gesamtübersetzung $i_{\text{Ced-Whl}}$ von < 3 ausweisen. Während die WLTC-Ergebnisse eine Gesamtübersetzung nahe 3 als optimal identifizieren. Vergleicht man die E-Maschinenleistungen der beiden Zyklen, fällt auf, dass die maximale Leistung im WTLC zwischen 68 kW und 165 kW und im Mittel einen Wert von 103 kW aufweist. Im RDE variiert die optimale maximale E-Maschinenleistung zwischen 103 kW und 169 kW, während der Mittelwert bei ca. 124 kW und damit ca. 20 kW oberhalb der identifizierten Leistungen im WLTC, liegt.

Abbildung 5.27 zeigt die durch die dynamische Simulation validierten Varianten des PS-Hybrids im WLTC. Die entsprechenden Konfigurationen sind in Tabelle 5.11 gelistet. Es ist zu erkennen, dass auch für den PS-Hybrid im WLTC unter Verwendung des dedizierten Hybrid-Verbrennungsmotors eine sehr hohe Übereinstimmung der Abhängigkeit der ermittelten CO_2-Emissionen von der Gesamtübersetzung $i_{\text{Whl-Ced}}$ herrscht. Eine optimale Gesamtübersetzung wird im Bereich zwischen ca. 10 und 15 identifiziert. Dabei liegt die optimale maximale Leistung der Traktionsmaschine zwischen 57 und 123 kW. Im Mittel beträgt die maximale Leistung der E-Maschine 82 kW und liegt damit deutlich unter dem Mittelwert des SP-Hybrids im WLTC.

Anhand des Fehlerbalkendiagramms in Abbildung 5.28 lässt sich erkennen, dass es zu Abweichungen zwischen den Simulationsansätzen von 0,3 bis 1,3 $\text{g}\,\text{km}^{-1}$

Tabelle 5.10: Konfigurationen der zehn SP-Varianten entsprechend Abb. 5.25 im RDE

	Parameter								
Variante	Achsübersetzung	Übersetzung paralleler Gang	Gesamtübersetzung $i_{Ced\text{-}Whl}$	Serielle Zellen	Zell Kapazität	Leistung E-Maschine	Leistung Generator	Übersetzung E-Maschine	Übersetzung Generator
	[-]	[-]	[-]	[-]	[Ah]	[kW]	[kW]	[-]	[-]
1	2.64	0.88	2.33	92	9.50	116	49	2.43	2.18
2	3.02	0.93	2.81	89	9.22	120	33	1.68	2.18
3	3.29	0.80	2.62	102	8.42	109	56	2.24	2.18
4	2.20	1.09	2.41	100	9.86	123	30	2.58	2.18
5	2.27	1.11	2.53	84	7.61	120	58	2.88	2.18
6	3.62	0.82	2.97	94	9.08	128	52	1.49	2.18
7	2.48	1.02	2.52	112	8.19	137	41	2.60	2.18
8	2.81	0.86	2.42	110	8.59	116	35	2.32	2.18
9	2.45	1.07	2.61	110	9.22	103	60	2.48	2.18
10	2.01	1.31	2.63	87	7.99	169	32	2.68	2.18
11	4.99	0.93	4.66	114	7.97	132	49	1.04	2.18
12	2.27	0.71	1.62	109	5.65	99	44	3.34	2.18

kommt. Lediglich Variante 13 weist eine höhere Abweichung von 1,8 $g\,km^{-1}$ auf. Ähnlich wie beim SP-Hybrid im RDE, kommt es auch hier zu einer Verschiebung der optimalen Varianten zwischen den Simulationsumgebungen. Während die quasistationäre ECMS Variante 1 und 2 als optimale identifiziert, weisen bei der dynamischen Simulation die Varianten 3 und 5 die geringsten CO_2-Emissionen auf.

In Tabelle 5.12 sind die Kennwerte für Variante 3, dem Optimum der dynamischen Simulation, dargestellt. Mit einer Abweichung von 0,35 $g\,km^{-1}$ ist die Übereinstimmung bzgl. der CO_2-Emissionen sehr hoch. Ebenso wird die Anzahl der Motorstarts mit einer hohen Genauigkeit abgebildet. Die quasistationäre Simulation weist lediglich ein Motorstart mehr auf. Die Gesamtzeit, in der der Motor an ist, wird durch die dynamische Simulation um 30 s höher ausgewiesen. Auch die durchschnittliche Laufzeit des Motors liegt in der dyna-

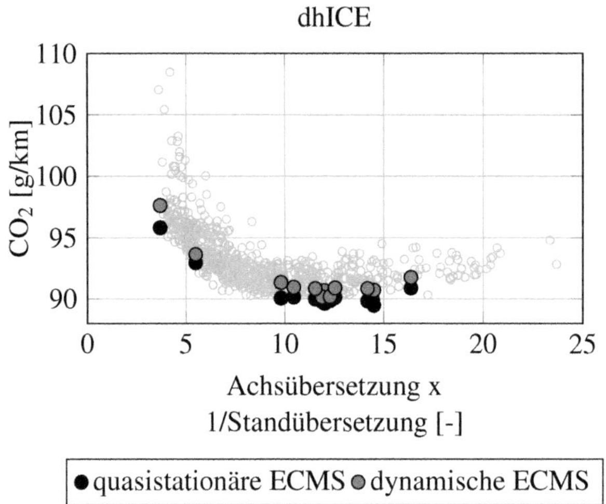

Abbildung 5.27: Vergleich der CO_2-optimalen Varianten der quasistationären ECMS-Simulation und der dynamischen Vorwärtssimulation für einen PS Hybriden im WLTC

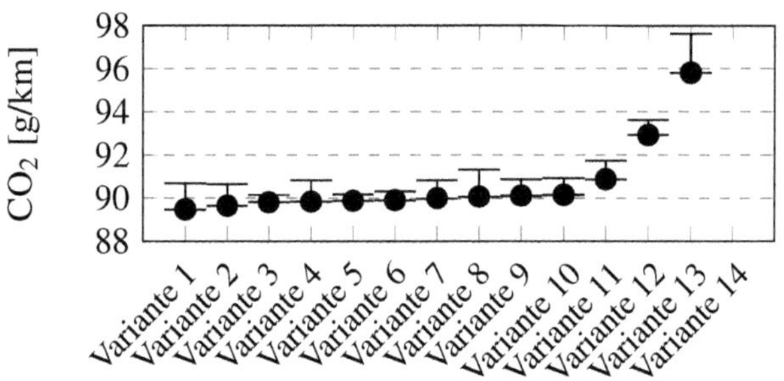

Abbildung 5.28: CO_2-Werte und Abweichungen zwischen den Simulationsansätzen für die in Abbildung 5.27 gezeigten Varianten

mischen Simulation leicht höher. Der Energiedurchsatz durch die Batterie liegt bei der dynamischen Simulation leicht oberhalb der quasistationären Simulation. In beiden Fällen entspricht der Start-SoC dem maximalen SoC im Zyklus. Somit wird durch das ähnliche SoC-Minimum auch der SoC-Hub mit einer

Tabelle 5.11: Konfigurationen der zehn PS-Varianten entsprechend Abb. 5.27 im WLTC

Variante	Parameter								
	Achsübersetzung	Standübersetzung i_0	Gesamtübersetzung $i_{Ced\text{-}Whl}$	Serielle Zellen	Zell Kapazität	Leistung E-Maschine	Leistung Generator	Übersetzung E-Maschine	Übersetzung Generator
	[-]	[-]	[-]	[-]	[Ah]	[kW]	[kW]	[-]	[-]
1	3.08	0.21	14.67	83	9.32	77	40	2.28	0.5
2	2.87	0.24	11.98	95	8.59	62	54	2.61	0.5
3	3.36	0.28	11.99	118	8.76	57	53	2.07	0.5
4	3.02	0.21	14.39	86	9.14	123	65	2.12	0.5
5	3.50	0.28	12.48	108	8.93	79	36	2.11	0.5
6	3.00	0.21	14.27	84	6.93	72	83	2.18	0.5
7	3.04	0.26	11.68	88	8.39	93	42	2.40	0.5
8	3.59	0.37	9.71	84	9.42	69	76	1.74	0.5
9	3.56	0.28	12.70	101	7.94	76	43	2.07	0.5
10	2.82	0.27	10.44	102	9.74	91	64	2.17	0.5
11	3.54	0.22	16.08	106	7.26	98	81	1.61	0.5
12	3.28	0.6	5.46	89	7.70	134	89	1.66	0.5

hohen Güte abgebildet. Beide Ansätze erreichen die SoC-Ausgeglichenheit nach drei Iterationsschritten.

Die gezeigten Ergebnisse weisen auf, dass sich die entwickelte Methodik gut zur Identifizierung idealer Antriebsstrang Konfigurationen eignet. Im Prozess der Antriebsstrangauslegung und Auffindung optimaler Dimensionierungen oder Auslegungen ist es hilfreich, sich verschieden granularer Simulationswerkzeuge zu bedienen. So bietet eine rein zugkraftbasierte Berechnung der Auslegungsvarianten eine schnelle Möglichkeit, den Suchraum stark einzuschränken und somit die notwendige Rechenzeit im Auslegungsprozess deutlich zu reduzieren. Dabei liegt die Rechenzeit pro Variante < 1 s und lässt folglich die Untersuchung einer Vielzahl an Varianten zu. Gleichermaßen ist es notwendig verschiedene Betriebsstrategien zu betrachten und zielgerichtet anzuwenden. Das Dynamic Programming bietet eine sehr robuste Möglichkeit, optimale Antriebsstrang-

Tabelle 5.12: Kennwerte für die optimale Konfiguration PS im WLTC

Kennwert	quasistationäre ECMS	dynamische ECMS	Delta	Einheit
CO_2	89,8	90,15	0,35	[g/km]
Motorstarts	28	27	1	[-]
Zeit Motor An	435,2	463,7	28,5	[s]
∅ Zeit Motor an	15,5	17,17	1,67	[s]
Energiedurchsatz Batterie	12,5	12,83	0,33	[kWh/100km]
Start SoC [1]	55,6	55,78	0,17	[%]
SoC Minimum [1]	47,12	46,83	0,29	[%]
Anzahl Iterationsschritte	3	3	0	[-]

[1] für den letzten Iterationsschritt

konfigurationen aufzufinden. Durch die nicht notwendige Abstimmung von Applikationsparametern, ist die Anwendung der DP ein effizientes Mittel im Auslegungsprozess, da es eine objektive Bewertung ermöglicht. Hierbei ist jedoch stets zu beachten, dass zum einen eine sehr grobe Diskretisierung der Zeit als auch der Betriebsstrategieparameter auf Grund der Rechenintensivität stattfinden muss. Zum anderen stellt das Dynamic Programming eine global optimale Betriebsstrategie dar, die eine apriori Kenntnis der bevorstehenden Fahraufgabe erfordert. Da bei der simulativen Auslegung die Zyklen in der Regel bekannt sind, wird die DP häufig zur CO_2-Berechnung eingesetzt.

Wie die Ergebnisse zeigen, findet zwischen der DP und ECMS eine leichte Verschiebung der als optimal identifizierten Konfigurationen statt. Dies bedeutet, dass die DP als alleinige Betriebsstrategie, zur Auslegung eines Antriebsstrangs nur bedingt geeignet ist. Die erzielbaren Übereinstimmungen zwischen Dynamic Programming und ECMS kann sehr hoch sein. Jedoch stellen sie keine Sicherheit für das Auffinden des optimalen Antriebsstrangs unter Verwendung einer anderen, dem realen Fahrbetrieb entsprechenden, Betriebsstrategie dar. Dennoch eignet sich die DP, wie die Ergebnisse zeigen, sehr gut zur Ermittlung der Potentiale und zur Vorauswahl von spezifischen Antriebsstrangkonfigurationen. Die im Rahmen der Arbeit entwickelte quasistationär gerechnete

ECMS bietet eine sehr zeiteffiziente Methode zur Einordnung der mit Hilfe der DP ermittelten Potentiale. Wie die Ergebnisse zeigen, herrscht eine sehr hohe Übereinstimmung der Berechnungsergebnisse zwischen der quasistationären und der dynamischen ECMS. Da die quasistationäre ECMS eine sehr geringe Rechenzeit aufweist, eignet sich diese ebenso zur Anwendung auf eine hohe Variantenzahl. Wie in Kapitel 4.3 gezeigt werden konnte, eignet sich die Simulationsumgebung ebenso als Werkzeug zur Unterstützung bei der Auffindung eines optimalen ECMS-Applikationsparametersatzes. Folglich stellt die entwickelte Simulationsumgebung ein gut geeignetes Bindeglied zwischen grob-granularer DP-optimierter Simulation und der rechenintensiven dynamischen ECMS-basierten Simulationsumgebung.

6 Schlussfolgerungen und Ausblick

Um dem globalen Klimawandel entgegenzuwirken wird unter anderem der Individualverkehr stetig optimiert und effizienter gestaltet. In den letzten Jahren wurde eine starke Effizienzsteigerung der individuellen Mobilität durch den Einzug der Elektrifizierung in den konventionellen Antriebsstrang erreicht. Die Kombination von mehreren Antriebsaggregaten in einem elektrifizierten Antriebsstrang ist jedoch begleitet von einer Vielzahl an möglichen Antriebskonzepten. Während bisher die Anordnung der Komponenten im konventionellen Antriebsstrang eindeutig war, ergeben sich durch die Integration der E-Maschine neue Konzepte. Bei der Auslegung eines Antriebskonzepts müssen sowohl die Positionierung als auch die Dimensionierung der einzelnen Komponenten möglichst optimal festgelegt werden. Neben einer hohen Effizienz der Einzelkomponenten ist die Effizienz im Systemverbund ausschlaggebend. Dabei hat eine geeignete Betriebsstrategie die Aufgabe die Komponenten und deren Potential optimal einzusetzen.

Die im Rahmen der vorliegenden Arbeit entwickelte Methodik und Simulationsumgebung hilft die Vielzahl an vorhandenen Freiheitsgraden, bei der Auslegung hybrider Antriebskonzepte, zu nutzen. Durch eine effiziente Berechnung einer großen Zahl an verschiedenen Konzepten, kann vermieden werden zu früh im Auslegungsprozess den Suchraum stark einschränken zu müssen. Die Dissertationsschrift beschreibt zum einen die entwickelte Methodik, die es ermöglicht den Simulationsaufwand je nach Optimierungsaufgabe gering zu halten. Die erstellte Methodik bedient sich eines mehrstufigen Ansatzes entlang dessen die Modellkomplexität steigt und die Anzahl zu untersuchenden Varianten stetig verringert wird. Um den Suchraum möglicher Varianten aufzuspannen, werden entweder die Randbedingungen bzgl. der Parameter durch den Anwender definiert oder eine konkrete Auswahl an Komponenten bestimmt. Der Versuchsplan wird voll-, teilfaktoriell oder über statistische Versuchsplanung ermittelt. Zunächst wird anhand einer zugkraftbasierten Vorauslegung die Einhaltung verschiedener Leistungskennzahlen, die an das Konzept gestellt werden, überprüft. Die Berechnung der Leistungskennzahlen ermöglicht einen topologieunabhängigen Vergleich und kann im Auslegungsprozess sehr hilfreich sein für die

R. G. Kleisch, *Modellbasierter Ansatz zur Ermittlung optimaler Hybrid-Antriebsstrangkonfigurationen unter Anwendung verschiedener Optimierungsalgorithmen*, Wissenschaftliche Reihe Fahrzeugtechnik Universität Stuttgart,
https://doi.org/10.1007/978-3-658-47637-3_6

Definition oder Konkretisierung der zu untersuchenden Parametergrenzen. In der nächsten Stufe der entwickelten Methodik werden die verbleibenden Konzepte mithilfe einer grob granularen Simulationsumgebung unter Anwendung einer DP-Betriebsstrategie berechnet. Die ermittelten CO_2-Emissionen stellen ein globales Optimum bzgl. der individuellen Konzepte dar. Die Dynamische Programmierung eignet sich gut für eine Potentialermittlung, da diese unabhängig von Applikationsparamtern ist und so eine faire Bewertung zwischen den Konzepten zulässt. Dabei ist zu beachten, dass sich das ergebende Last- und Drehzahlprofil der Antriebsaggregate nur bedingt fahrbar ist. Die darauffolgende Rückwärtssimulation, die mit Hilfe einer adaptiven ECMS optimiert wird, bietet eine deutlich höhere Diskretisierung der Variations- und Regelparameter. Dies resultiert zusammen mit der onlinefähigen Betriebsstrategie in ermittelten Fahrprofilen, die näher an einer realen Fahrweise liegen. Die letzte Stufe der entwickelten Methodik umfasst eine dynamische Vorwärtssimulation mit Hilfe einer Co-Simulation. Diese nutzt ebenso eine adaptive ECMS – dies ermöglicht eine Übernahme der Applikationsparameter aus der Vorstufe. Mit Hilfe der letzten Stufe sind fein granulare Optimierungen möglich. Diese beschränken sich auf eine geringe Anzahl an Antriebskonzepten.

Es konnte gezeigt werden, dass die Simulationsmodelle der DP- und der EMCS-optimierten Stufe eine sehr hohe Übereinstimmung der als optimal identifizierten Antriebsstrangkonzepte aufweisen. Auf Grund der verschiedenen Betriebsweisen und auch der applikativen Strafkosten, um eine Fahrbarkeit innerhalb der ECMS sicher zustellen, ergeben sich leichte Unterschiede in den optimalen Auslegungskonzepten. D.h. eine Festlegung der Auslegungsparameter darf nicht nur anhand der DP Simulationen erfolgen, diese kann den Suchraum aber mit hoher Genauigkeit eingrenzen. Beide Ansätze weisen sehr ähnliche Sensitivitäten bzgl. der Auslegungsparameter auf und eignen sich damit gut für grundlegende Analysen zur Auslegung von hybriden Antriebskonzepten.

Die hohe Übereinstimmung der Ergebnisse zwischen der ECMS-optierten Rückwärtssimulation und der dynamischen Vorwärtssimulation zeigt, dass sich die entwickelte Simulationsumgebung sehr gut eignet um zum einen tiefer gehende Untersuchungen zur Auslegung des hybriden Antriebsstrangs anzustellen und zum anderen für eine Vorauslegung der ECMS-Applikationsparameter herangezogen werden kann.

Die vorliegende Arbeit konnte zeigen, dass die angewandte methodische Herangehensweise eines stufenweisen Ansatzes mit zunehmender Komplexität der Modelle unter Anwendung verschiedener Betriebsstrategien entlang des Auslegungsprozess äußerst effektiv ist. Die schrittweise Eingrenzung des Lösungsraums, ermöglicht zum einen eine Steigerung der Modellgenauigkeit oder auch eine Verfeinerung der Diskretisierung der Auslegungsparameter. Dieser Ansatz ermöglicht zu Beginn einen möglichst weit geöffneten Suchraum und beschränkt die Auswahl des Konzepts nicht bereits in einer frühen Phase des Konzeptionsprozesses.

Das gezeigte Verfahren zeigt eine starke Übereinstimmung zwischen den verschiedenen Modellierungsstufen. Im Vergleich der beiden ersten Simulationsstufen ergeben sich durch die unterschiedliche Diskretisierung, die Modellierung und die Betriebsstrategie Abweichungen in den erzielbaren CO_2-Emissionen. Ebenso ergeben sich im Vergleich der beiden ECMS-optimierten Simulationsumgebungen leichte Unterschiede. Diese sind zum einen auf eine leicht unterschiedliche Betriebsführung als auch Unterschiede der physiklaischen Modellierung zurückzuführen. Für weitergehende Untersuchungen könnten auch in der ECMS-geführten Rückwärtssimulation einfache Temperaturmodelle für die elektrischen Komponenten erwogen werden. Mithilfe dieser Modelle könnte die Betriebsstrategie genauer hinsichtlich der Dauerleistung der Elektromotoren oder der Verlustleistung, insbesondere der Batterie, berechnet werden. In zukünftigen Untersuchungen könnte ebenfalls der Warmlauf bzw. das Abkühlverhalten des Verbrennungsmotors näherungsweise mithilfe eines vereinfachten Temperaturmodells analysiert werden. Dieses Modell könnte dazu dienen, die Dauer zu bewerten, über die der Verbrennungsmotor nach dem ersten Zustart im Betrieb bleibt, oder um festzustellen, zu welchem Zeitpunkt ein erneuter Motorstart vorteilhaft wäre, um die Betriebstemperatur aufrechtzuerhalten. Die alleinige Beurteilung der Antriebskonzepte basierend auf den CO_2-Emissionen gestaltet sich häufig als herausfordernd. Daher wäre die Implementierung einer Schnittstelle zur umfassenderen Bewertung der Gesamtkosten (Total Cost of Ownership, TCO) von Interesse. Diese Maßnahme könnte eine verstärkte Auswahl von Konzepten ermöglichen, die sich nah am CO_2-Optimum befinden und zugleich mit niedrigeren Kosten verbunden sind.

Literaturverzeichnis

[1] ADACHI, Shouji ; HAGIHARA, Hikosama: The renewed 4-Cylinder Engine for Toyota Hybrid System. In: *33. Internationales Wiener Motorensympoisum 2012*, 2012

[2] ANSELMA, Pier G.: Computationally efficient evaluation of fuel and electrical energy economy of plug-in hybrid electric vehicles with smooth driving constraints. In: *Applied Energy* (2022). – ISSN 0306-2619

[3] ANSELMA, Pier G. ; BELINGARDI, Giovanni: Next Generation HEV Powertrain Design Tools: Roadmap and Challenges. In: *SAE Technical Paper Series* (2019). – ISSN 0148-7191

[4] ANSELMA, Pier G. ; BELINGARDI, Giovanni: Accelerated assessment of optimal fuel economy benchmarks for developing the next generation HEVs. In: *20. Internationales Stuttgarter Symposium*, 2020. – ISSN 2198-7432

[5] ANSELMA, Pier G. ; HUO, Yi ; ROELEVELD, Joel ; EMADI, Ali ; BELINGARDI, Giovanni: Rapid optimal design of a multimode power split hybrid electric vehicle transmission. In: *Proceedings of the Institution of Mechanical Engineers, Part D: Journal of Automobile Engineering* (2017). – ISSN 0954-4070

[6] AUERBACH, Michael: *Phlegmatisierung des Dieselmotors im Hybridverbund*, Universitaet Stuttgart, Dissertation, 2012

[7] BALAZS, Andreas: *Optimierte Auslegung von ottomotorischen Hybridantriebssträngen unter realen Fahrbedingungen*, RWTH Aachen, Dissertation, 2015

[8] BARGENDE, Prof. Dr.-Ing.: *Grudlagen der Fahrzeugantriebe - Vorlesungsmanuskript*. Institut für Fahrzeugtechnik Stuttgart - Lehrstuhl Fahrzeugantriebe, 2021

R. G. Kleisch, *Modellbasierter Ansatz zur Ermittlung optimaler Hybrid-Antriebsstrangkonfigurationen unter Anwendung verschiedener Optimierungsalgorithmen*, Wissenschaftliche Reihe Fahrzeugtechnik Universität Stuttgart,
https://doi.org/10.1007/978-3-658-47637-3

[9] BELLMAN, Richard E.: Dynamic Programming. In: *Princeton University Press* (1957)

[10] BERGK, Fabian ; KNÖRR, Wolfram ; LAMBRECHT, Udo: Klimaschutz im Verkehr: Neuer Handlungsbedarf nach dem Pariser Klimaschutzabkommen. In: *Klimaschutzbeitrag des Verkehrs 2050* (2017)

[11] BROOKER, Aaron ; HARALDSSON, Kristina ; HENDRICKS, Terry ; JOHNSON, Valerie ; KELLY, Kenneth ; KRAMER, Bill ; MARKEL, Tony ; OKEEFE, Michael ; SPRIK, Sam ; WIPKE, Keith ; ZOLOT, Matthew: *ADVISOR - Adavanced Vehicle Simulator*. National Renewable Energy Laboratory (Veranst.), 2003. – URL http://adv-vehicle-sim.sourceforge.net/advisor_doc.html

[12] BURGER, Prof. Dr. B.: *Öffentliche Nettostromerzeugung in Deutschland im Jahr 2019*. 2020. – URL https://www.ise.fraunhofer.de/content/dam/ise/de/documents/news/2019/Stromerzeugung_2019_2.pdf

[13] BÜCHLING, Jens: Der neue Toyota Prius. In: *ATZ - Automobiltechnische Zeitschrift* 103 (2001). – ISSN 0001-2785

[14] CESARE, Matteo D. ; CAVINA, Nicolo ; BRUGNONI, Enrico: Conceptual Design and Analytic Assessment of 48V Electric Hybrid Powertrain Architectures for Passenger Cars. In: *SAE Technical Paper Series* (2019). – ISSN 0148-7191

[15] DANILOV, D. ; NIESSEN, R. A. ; NOTTEN, P. H.: Modeling All-Solid-State Li-Ion Batteries. In: *Journal of The Electrochemical Society* (2010)

[16] DANZER, Christoph: *Systematische Synthese, Variation, Simulation und Bewertung von Mehrgang- und Mehrantrieb-Systemen rein elektrischer und hybrider Fahrzeugantriebsstränge*, Technische Universität Chemnitz, Dissertation, 2017

[17] DANZER, Christoph ; KRATZSCH, Matthias ; VALLON, Mark ; GÜNTHER, Tobias: Flottenantrieb 2025 CO2- und kostenoptimierte Baukastenantriebe. In: *MTZ - Motortechnische Zeitschrift* (2018). – ISSN 0024-8525

[18] DU, Wei ; ZHAO, Shengdun ; JIN, Liying ; GAO, Jingzhou ; ZHENG, Zhenhao: Optimization design and performance comparison of different powertrains of electric vehicles. In: *Mechanism and Machine Theory* (2021). – ISSN 0094-114X

[19] EBBESEN, Soren ; DÖNITZ, Christian ; GUZZELLA, Lino: Particle swarm optimisation for hybrid electric drive-train sizing. In: *International Journal of Vehicle Design* (2012)

[20] EINHORN, Markus ; CONTE, Fiorentino V. ; KRAL, Christian ; FLEIG, Jürgen: Comparison, Selection, and Parameterization of Electrical Battery Models for Automotive Applications. In: *IEEE Transactions on Power Electronics* (2013)

[21] EUROPÄISCHES PARLAMENT, RAT DER EUROPÄISCHEN UNION: *Richtlinie 2007/46/EG des Europäischen Parlaments und des Rates zur Schaffung eines Rahmens für die Genehmigung von Kraftfahrzeugen und Kraftfahrzeuganhängern sowie von Systemen, Bauteilen und selbstständigen technischen Einheiten für diese Fahrzeuge.* 2007

[22] FAN, Likang ; WANG, Yufei ; WEI, Hongqian ; ZHANG, Youtong ; ZHENG, Pengyu ; HUANG, Tianyi ; LI, Wei: A GA-based online real-time optimized energy management strategy for plug-in hybrid electric vehicles. In: *Energy* (2022). – ISSN 0360-5442

[23] FINESSO, Roberto ; SPESSA, Ezio ; VENDITTI, Mattia: Optimization of the Layout and Control Strategy for Parallel Through-the-Road Hybrid Electric Vehicles. In: *SAE 2014 World Congress*, SAE International, 2014. – ISSN 0148-7191

[24] FINESSO, Roberto ; SPESSA, Ezio ; VENDITTI, Mattia: Cost-optimized design of a dual-mode diesel parallel hybrid electric vehicle for several driving missions and market scenarios. In: *Applied Energy* (2016). – ISSN 0306-2619

[25] FISCHER, R.: Die Elektrifizierung des Antriebs - Vom Turbohybrid zum Rage Extender. In: *30. Internationales Wiener Motorensymposium*, 2009

[26] FU, Lina ; OZGUNER, Umit ; TULPULE, Pinak ; MARANO, Vincenzo: Real-time energy management and sensitivity study for hybrid electric vehicles. In: *Proceedings of the 2011 American Control Conference* (2011). – ISSN 0743-1619

[27] GAO, Lijun ; LIU, Shengyi ; DOUGAL, R.A.: Dynamic lithium-ion battery model for system simulation. In: *IEEE Transactions on Components and Packaging Technologies* (2002)

[28] GU, Bo ; RIZZONI, Giorgio: An Adaptive Algorithm for Hybrid Electric Vehicle Energy Management Based on Driving Pattern Recognition. In: *Dynamic Systems and Control, Parts A and B* (2006). – ISSN 0-7918-47

[29] GUZZELLA, Lino ; SCIARRETTA, Antonio: *Vehicle Propulsion Systems: Introduction to Modeling and Optimization*. 3. Heidelberg : Springer-Verlag Berlin, 2012. – ISBN 3642359124

[30] GÜNTHER, Felix C.: *Beitrag zur CoSimulation in der Gesamtsystementwicklung des Kraftfahrzeugs*, TU München, Dissertation, 2016

[31] HOFMAN, Theo ; EBBESEN, Søren ; GUZZELLA, Lino: Topology Optimization for Hybrid Electric Vehicles with Automated Transmissions. In: *IEEE Transactions on Vehicular Technology* (2012). – ISSN 0018-9545

[32] HOFMANN, Peter: *Hybridfahrzeuge: Ein alternatives Antriebssystem für die Zukunft*. 2. Wien : Springer Vienna, 2014. – ISBN 9783709117804

[33] HUANG, Jiahao ; HUANG, Zhiwu ; WU, Yue ; LIU, Yongjie ; LI, Heng ; JIANG, Fu ; PENG, Jun: Sizing optimization research considering mass effect of hybrid energy storage system in electric vehicles. In: *Journal of Energy Storage* (2022). – ISSN 2352-152X

[34] JELDEN, Hanno ; PELZ, Norbert ; HAUSSMANN, Heiko ; KLOFT, Manfred: Der Plug-in-Hybridantrieb des VW Passat GTE. In: *MTZ - Motortechnische Zeitschrift* (2015). – ISSN 0024-8525

[35] JOHANYÁK, Zsolt C.: A Simple Fuzzy Logic Based Power Control for a Series Hybrid Electric Vehicle. In: *2015 IEEE European Modelling Symposium (EMS)*, 2015

[36] JONES, Donald: The DIRECT global optimization algorithm. In: *Encyclopedia of Optimization* (2001)

[37] KAMPKER, Achim (Hrsg.) ; VALLÉE, Dirk (Hrsg.) ; SCHNETTLER, Armin (Hrsg.): *Elektromobilität: Grundlagen einer Zukunftstechnologie.* 2. Heidelberg : Springer Berlin, 2018. – ISBN 9783662531372

[38] KIM, Jinseong ; KIM, Gisu ; PARK, Yeong-il: Component Sizing of Parallel Hybrid Electric Vehicle Using Optimal Search Algorithm. In: *International Journal of Automotive Technology* (2018). – ISSN 1229-9138

[39] KIM, Namwook ; RASK, Eric ; ROUSSEAU, Aymeric: Control Analysis under Different Driving Conditions for Peugeot 3008 Hybrid 4. In: *SAE International Journal of Alternative Powertrains* (2014). – ISSN 2167-4191

[40] KLEPPMANN, Wilhelm: *Versuchsplanung: Produkte und Prozesse optimieren.* 10. München : Carl Hanser Verlag, 2020 (Praxisreihe Qualität). – ISBN 9783446463974

[41] KRAFTFAHRT-BUNDESAMT: *Bestand an Pkw in den Jahren 2010 bis 2019 nach ausgewählten Kraftstoffarten.* 2020. – URL https://www.kba.de/DE/Statistik/Fahrzeuge/Bestand/Umwelt/2019_b_umwelt_z.html?nn=663524

[42] KRAFTFAHRT-BUNDESAMT: *Fahrzeugzulassungen (FZ) - Bestand an Kraftfahrzeugen nach Umwelt-Merkmalen.* 2022. – URL https://www.kba.de/SharedDocs/Downloads/DE/Statistik/Fahrzeuge/FZ13/fz13_2022.pdf

[43] KRÜGER, B. ; KEINPRECHT, G. ; FILOMENO, G. ; DENNIN, D. ; TENBERGE, P.: Design and optimisation of single motor electric powertrains considering different transmission topologies. In: *Mechanism and Machine Theory* (2022). – ISSN 0094-114X

[44] KUMAR, Sameer ; UPADHYAY, Bharat B.: Honda Accord Shows the Way Forward for Hybrid Cars. In: *Auto Tech Review* (2016). – ISSN 2250-3390

[45] KWON, Hyukjoon ; CHOI, Yeongil ; CHOI, Woulsun ; LEE, Seungwook: A Novel Architecture of Multimode Hybrid Powertrains for Fuel Efficiency and Sizing Optimization. In: *IEEE Access* 10 (2022), S. 2591–2601. – interessant Darstellungen Quellen + Quelle zu reinforcement learning vs. DP. – ISSN 2169-3536

[46] LAGARIAS, Jeffrey ; REEDS, James ; WRIGHT, Margaret ; WRIGHT, Paul: Convergence Properties of the Nelder-Mead Simplex Method in Low Dimensions. In: *SIAM Journal on Optimization* (1998)

[47] LANGE, Andreas ; KÜÇÜKAY, Ferit: A new, systematic approach to determine the global energy optimum of a hybrid vehicle. In: *Automotive and Engine Technology* (2016). – ISSN 2365-5127

[48] LI, Guoqiang ; GÖRGES, Daniel: Energy management strategy for parallel hybrid electric vehicles based on approximate dynamic programming and velocity forecast. In: *Journal of the Franklin Institute* (2019). – ISSN 0016-0032

[49] LI, Lin ; CHEN, Haijun ; KÜÇÜKAY, Ferit: Systematic Synthesis of Dedicated Hybrid Transmission. In: *Automotive Innovation* (2019). – ISSN 2096-4250

[50] MATLAB: *version 9.9.0 (R2020b).* Natick, Massachusetts : The MathWorks Inc., 2020

[51] MILLO, Federico ; ZHAO, Jianning ; ROLANDO, Luciano ; CUBITO, Claudio ; FUSO, Rocco: Optimizing the design of a plug-in hybrid electric vehicle from the early phase: an advanced sizing methodology. In: *Computer-Aided Design and Applications* 12 (2015), Nr. sup1, S. 22–32. – ISSN 1686-4360

[52] MÜLLER, Mirko ; KRATZSCH, Matthias ; DANZER, Christoph ; MÜLLER, Jörg: 75 g CO2 km powertrain concept and optimized powertrain components. In: *Internationaler Motorenkongress 2018* (2018)

[53] NAUNHEIMER, Harald ; BERTSCHE, Bernd ; RYBORZ, Joachim ; NOVAK, Wolfgang ; FIETKAU, Peter: *Fahrzeuggetriebe: Grundlagen, Auswahl, Auslegung und Konstruktion.* 3. Auflage. Heidelberg : Springer Vieweg Berlin, 2019. – ISBN 9783662588833

[54] ONORI, Simona ; SERRAO, Lorenzo: On Adaptive-ECMS strategies for hybrid electric vehicles. In: *IFP Energies nouvelle* (2011)

[55] ONORI, Simona ; SERRAO, Lorenzo ; RIZZONI, Giorgio: *Hybrid Electric Vehicles: Energy Management Strategies*. London : Springer London, 2016. – ISBN 978-1-4471-6781-5

[56] PAGANELLI, G.: *Conception et commande dune chaîne de traction pour véhicule hybride parallèle thermique et électrique*, Université de Valenciennes, Dissertation, 1999

[57] PATIL, Rakesh ; ADORNATO, Brian ; FILIPI, Zoran: Design Optimization of a Series Plug-in Hybrid Electric Vehicle for Real-World Driving Conditions. In: *SAE International Journal of Engines* (2010). – ISSN 1946-3936

[58] PENG, Jiankun ; HE, Hongwen ; XIONG, Rui: Study on Energy Management Strategies for Series-parallel Plug-in Hybrid Electric Buses. In: *Energy Procedia* (2015). – ISSN 1876-6102

[59] PHILLIPS, Anthony M. ; JANKOVIC, Miroslava ; ; BAILEY, Kathleen E.: Vehicle System Controller Design for a Hybrid Electric Vehicle. In: *Proceedings of the 2000. IEEE International Conference on Control Applications. Conference Proceedings*, 2000

[60] REIF, Konrad (Hrsg.): *Bosch Grundlagen Fahrzeug- und Motorentechnik - Konventioneller Antrieb, Hybridantriebe, Bremsen, Elektronik*. Wiesbaden : Vieweg+Teubner Verlag, 2017 (Bosch Fachinformation Automobil). – ISBN 9783658126360

[61] REIF, Konrad (Hrsg.) ; NOREIKAT, Karl-Ernst (Hrsg.) ; BORGEEST, Kai (Hrsg.): *Kraftfahrzeug-Hybridantriebe: Grundlagen, Komponenten, Systeme, Anwendungen*. Wiesbaden : Vieweg+Teubner Verlag, 2012 (ATZ/MTZ-Fachbuch). – ISBN 978-3-8348-2050-1

[62] RIEMER, Thomas: *Vorausschauende Betriebsstrategie für ein Erdgashybridfahrzeug*, Universität Stuttgart, Dissertation, 2012

[63] RIZZONI, Giorgio ; GUZZELLA, Lino ; BAUMANN, Bernd M.: Unified Modeling of Hybrid Electric Vehicle Drivetrains. In: *IEEE/ASME TRANSACTIONS ON MECHATRONICS* (1999)

[64] ROY, Hillol K. ; MCGORDON, Andrew ; JENNINGS, Paul A.: Real-world investigation of a methodology for powertrain component sizing of hybrid electric vehicles. In: *2013 World Electric Vehicle Symposium and Exhibition* (2013)

[65] SALMASI, Farzad R.: Control Strategies for Hybrid Electric Vehicles: Evolution, Classification, Comparison, and Future Trends. In: *IEEE Transactions on Vehicular Technology* (2007)

[66] SCHRÖDER, Dierk: *Elektrische Antriebe - Grundlagen: mit durchgerechneten Übungs- und Prüfungsaufgaben.* 7. Auflage. Heidelberg : Springer Vieweg Berlin, 2021. – ISBN 9783662631010

[67] SCHÖNKNECHT, Andreas ; BABIK, Adam ; RILL, Viktor: Electric Powertrain System Design of BEV and HEV Applying a Multi Objective Optimization Methodology. In: *Transportation Research Procedia* (2016). – ISSN 2352-1465

[68] SCHÜTZ, Thomas: *Fahrzeugaerodynamik - Basiswissen für das Studium.* Springer Vieweg Wiesbaden, 2016. – ISBN 978-3-658-12818-0

[69] SCIARRETTA, A. ; BACK, M. ; GUZZELLA, L.: Optimal control of parallel hybrid electric vehicles. In: *IEEE Transactions on Control Systems Technology* (2004). – ISSN 1063-6536

[70] SIEBERTZ, Karl ; BEBBER, David van ; HOCHKIRCHEN, Thomas: *Statistische Versuchsplanung - Design of Experiments (DoE).* 2. Auflage. Heidelberg : Springer Berlin, 2017. – ISBN 978-3-662-55743-3

[71] SONG, Ziyou ; ZHANG, Xiaobin ; LI, Jianqiu ; HOFMANN, Heath ; OUYANG, Minggao ; DU, Jiuyu: Component sizing optimization of plug-in hybrid electric vehicles with the hybrid energy storage system. In: *Energy* (2018). – ISSN 0360-5442

[72] SORRENTINO, Marco ; MAURAMATI, Fabrizio ; ARSIE, Ivan ; CRICCHIO, Andrea ; PIANESE, Cesare ; NESCI, Walter: Application of Willans Line Method for Internal Combustion Engines Scalability towards the Design and Optimization of Eco-Innovation Solutions. In: *SAE Technical Paper*, SAE International, 2015

[73] TAMMI, Kari ; MINAV, Tatiana ; KORTELAINEN, Juha: Thirty Years of Electro-Hybrid Powertrain Simulation. In: *IEEE Access* (2018). – ISSN 2169-3536

[74] TIAN, Ying ; LIU, Jiaqi ; YAO, Qiangqiang ; LIU, Kai: Optimal Control Strategy for Parallel Plug-in Hybrid Electric Vehicles Based on Dynamic Programming. In: *World Electric Vehicle Journal* (2021)

[75] TIMMANN, Michael ; INDERKA, R. ; EDER, T.: Development of 48V powertrain systems at Mercedes-Benz. In: BARGENDE, Michael (Hrsg.) ; REUSS, Hans-Christian (Hrsg.) ; WIEDEMANN, Jochen (Hrsg.): *18. Internationales Stuttgarter Symposium.* Wiesbaden : Springer Fachmedien Wiesbaden, 2018, S. 567–577. – ISBN 978-3-658-21194-3

[76] TRAPP, Christian ; BÖHME, Maximilian: Innovative, modular serial hybrid concept for a highly efficient, clean automotive powertrain. In: *22. Internationales Stuttgarter Symposium*, 2022. – ISBN 978-3-658-37008-4

[77] TSCHÖKE, Helmut (Hrsg.) ; GUTZMER, Peter (Hrsg.) ; PFUND, Thomas (Hrsg.): *Elektrifizierung des Antriebsstrangs: Grundlagen - vom Mikro-Hybrid zum vollelektrischen Antrieb.* Heidelberg : Springer Vieweg Berlin, 2019 (ATZ/MTZ-Fachbuch). – ISBN 9783662603567

[78] UMWELTBUNDESAMT: *Klimaschutzplan 2050 der Bundesregierung - Klimaschutzpolitische Grundsätze und Ziele der Bundesregierung.* 2016. – URL `https://www.bmu.de/fileadmin/Daten_BMU/Download_PDF/Klimaschutz/klimaschutzplan_2050_bf.pdf`

[79] WALLENTOWITZ, Henning ; FREIALDENHOVEN, Arndt: *Strategien zur Elektrifizierung des Antriebsstranges: Technologien, Märkte und Implikationen.* 2. Auflage. Wiesbaden : Vieweg + Teubner, 2011 (ATZ/MTZ-Fachbuch). – ISBN 3834814121

[80] WINKE, Florian: *Transient Effects in Simulations of Hybrid Electric Drivetrains*, Universität Stuttgart, Dissertation, 2018

[81] XU, Xiangyang ; ZHAO, Jiangling ; ZHAO, Junwei ; SHI, Kai ; DONG, Peng ; WANG, Shuhan ; LIU, Yanfang ; GUO, Wei ; LIU, Xuewu: Comparative study on fuel saving potential of series-parallel hybrid transmission and series hybrid transmission. In: *Energy Conversion and Management* (2022). – ISSN 0196-8904

[82] ZHANG, Shuo ; XIONG, Rui: Adaptive energy management of a plug-in hybrid electric vehicle based on driving pattern recognition and dynamic programming. In: *Applied Energy* (2015). – ISSN 0306-2619

[83] ZHUANG, Weichao ; LI, Shengbo ; ZHANG, Xiaowu ; KUM, Dongsuk ; SONG, Ziyou ; YIN, Guodong ; JU, Fei: A survey of powertrain configuration studies on hybrid electric vehicles. In: *Applied Energy* (2020). – ISSN 0306-2619

[84] ZYL, Stephan V. ; HEIJNE, Veerle ; LIGTERINK, Norbert: Using a Simplified Willans Line Approach as a Means to evaluate the Savings Petential of CO_2-Reduction Measures in Heavy-Duty Transportation. In: *Journal of Earth Sciences and Geotechnical Engineering*, 2017

Anhang

A.1 Anhang 1

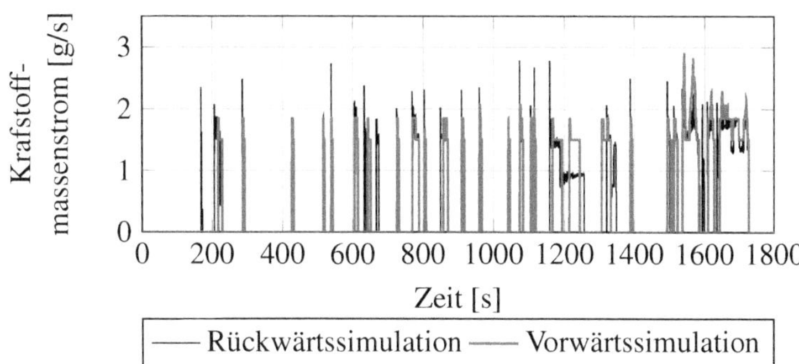

Abbildung A1.1: Vergleich des Kraftstoffmassenstroms für einen PS im WLTP

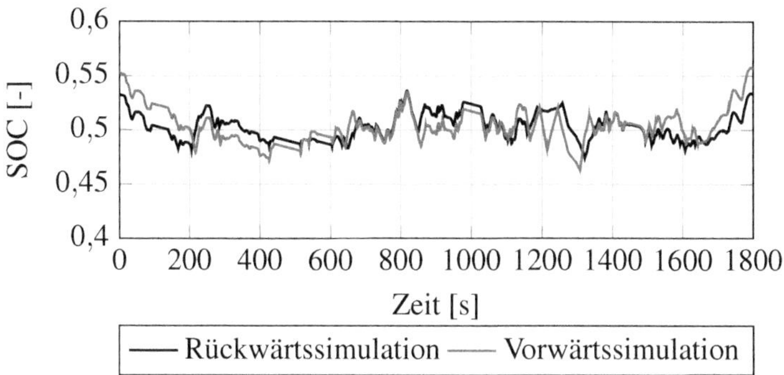

Abbildung A1.2: Vergleich der SOC-Verläufe für einen PS im WLTP des letzten Iterationsschrittes ohne Ausgleich des Start-SOC

R. G. Kleisch, *Modellbasierter Ansatz zur Ermittlung optimaler Hybrid-Antriebsstrangkonfigurationen unter Anwendung verschiedener Optimierungsalgorithmen*, Wissenschaftliche Reihe Fahrzeugtechnik Universität Stuttgart,
https://doi.org/10.1007/978-3-658-47637-3

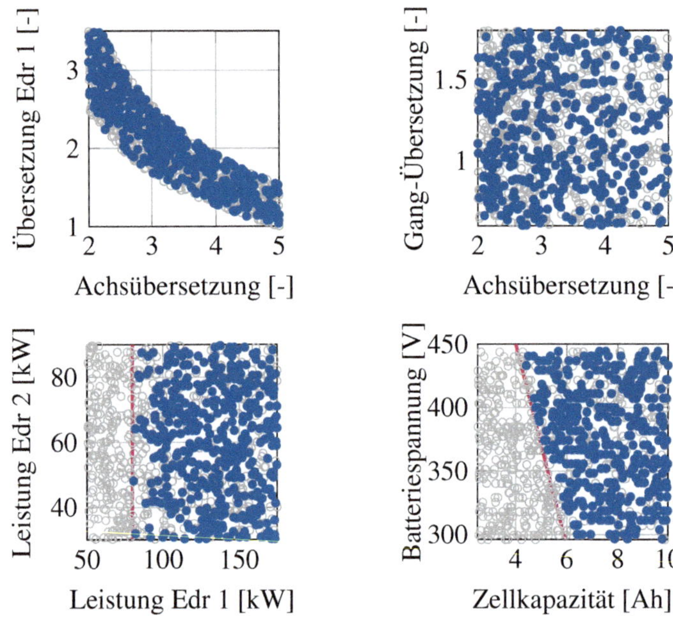

Abbildung A1.3: Verbleibende SP-Konfigurationen (blau) nach zugkraftbasierter Berechnung der Fahrbarkeit eines RDE-Zyklus

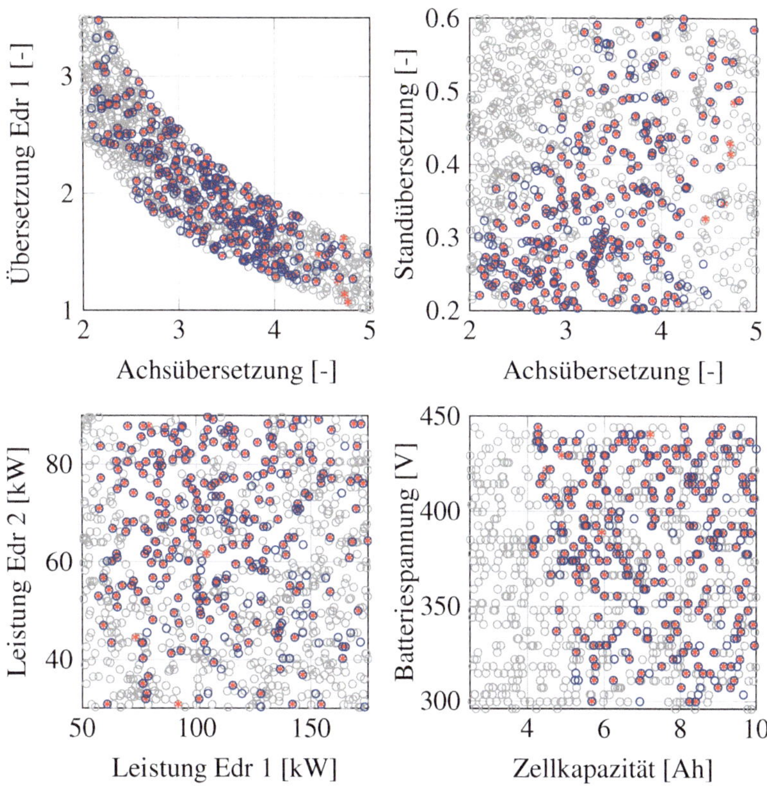

Abbildung A1.4: Untersuchter Parameterraum des DOE für die PS-Topologie

<u>GPSR Compliance</u>

The European Union's (EU) General Product Safety Regulation (GPSR) is a set of rules that requires consumer products to be safe and our obligations to ensure this.

If you have any concerns about our products, you can contact us on ProductSafety@springernature.com

In case Publisher is established outside the EU, the EU authorized representative is:

Springer Nature Customer Service Center GmbH
Europaplatz 3
69115 Heidelberg, Germany

Batch number: 08227018

Printed by Printforce, the Netherlands